KB141951

맛있게 살 빠지는

고단백
저탄수화물
다이어트
─ 레시피 ─

맛 있 게　살 빠지는

고 단 백
저탄수화물
다이어트
─ 레시피 ─

· 미니 박지우 지음 ·

비에이블
B.able

맛있어서 성공한
인생 마지막 다이어트

모태통통이로 태어나 항상 통통했거나
뚱뚱했던 저는 어려서부터 온갖 다이어트란
다이어트는 거의 다 해 봤어요. 항상 빨리
감량하고 싶은 기대와 조급함이 컸기에
원푸드 다이어트, 덴마크 다이어트 등 단기간에
살을 빼는 다이어트가 대부분이었죠.

하지만 살이 빨리 빠지는 대신 요요현상이 급격하게 왔고, 건강도 그만큼 나빠졌어요.
감량이란 '득'을 얻는 대신 잃는 '실'이라고 하기에는 몹시 위험하다고 느낄 만큼
몸에 무리가 왔죠.
이렇게 잦은 다이어트 덕분인지 단기간에 감량하는 것이라면 누구보다 자신만만했던 때도
있었어요. 짧게는 며칠, 길게는 한 달 정도 독하게 마음먹고 굶으면 살이 빠졌거든요. 며칠을
굶다가 못 견디겠으면 아주 적게 먹고, 다시 굶고 버티기를 수없이 반복했어요.
이렇게 독하게 굶으니 당연히 살이 빠질 수밖에요. 그때는 살 빠진 내 모습에 취해 위험한
다이어트를 멈출 수가 없었어요.
하지만 문제는 그다음이었어요. 다이어트가 끝났다고 생각하니 의지가 약해졌어요.
먹는 것을 최대한 줄였다가 다시 먹기 시작하니 식탐이 살아나는 건 시간문제였죠.
음식의 유혹에 넘어가 절제했던 모든 것이 단 한 번에 와르르 무너졌어요. 음식에 대한
집착과 폭식이 다이어트 전보다 심해졌을 뿐만 아니라, 오히려 날이 갈수록 심각해졌어요.
이렇게 굶는 기간과 폭식하는 기간을 반복해 매번 극심한 요요현상을 겪기를 수십 번.
몸을 한껏 혹사한 뒤에야 비로소 내 다이어트가 잘못된 건 아닌지 의문을 가지게 되었어요.

나는 왜 위험한 다이어트를 하게 되었을까요?

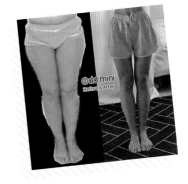

저는 제가 좋아하는 사람들, 그리고 사람 간의 관계에는 최선을
다하며 살았어요. 그러나 돌아보니 가장 아끼고 챙겨야 할
나 스스로에게는 관심을 기울이지 않았어요. 겉모습에
치중하느라 내 몸이 하는 중요한 이야기는 외면한 채 말이죠.
잦은 단기 다이어트의 후유증과 수많은 실패를 거듭하고 나서야

이제는 나를 아끼는 다이어트를
해야겠다고 결심했어요.
그래서 선택한 다이어트가 고단백
저탄수화물 식이요법이에요. 굶으면서
살을 빼면 100% 요요가 온다는 걸
알았으니, 식탐이 더 커지지 않도록 알맞게
먹는 다이어트를 택한 것이죠. 물론 이때도
시행착오가 있었어요. 무조건 닭고야
(닭가슴살, 고구마, 야채)만 먹으면 되는
줄 알고 세 가지만 꾸역꾸역 먹다가 결국
식욕이 폭발했고, 폭식 때문에 다시
요요현상을 겪는 무시무시한 경험도 했어요.

그 후로는 무조건 몸에 좋은 것만을 먹는 게 아니라 건강한 재료로 내 입에 맞는 맛있는 레시피
를 찾아 스스로 요리하게 되었어요.

어떤 다이어트라도 맛있게 먹어야 성공해요!

우선 평소 좋아하던 음식, 외식할 때 자주 먹었던 음식 등 일명 '속세음식'을 건강한 재료로
대체해서 만들었어요. 다이어트를 할 때도 좋아하는 음식을 먹어야 즐거운 법이니까요.
그리고 다이어트 음식이지만 맛과 영양이 잘 어울리는 조합을 찾기 시작했어요. 뻑뻑한
닭가슴살만 먹으면 쉽게 포기할 수 있으니까 오징어, 콩, 두부 등 다양한 재료들로 동식물성
단백질을 채웠고요. 또 저탄수화물 식단이라고 해서 탄수화물을 무리하게 줄이려고 하지
않았어요. 내 몸에 좋은 탄수화물을 골라 아침과 점심에 적절히 나누어 먹어야 건강도 챙기고
폭식을 막아준다는 걸 알았거든요.
매 끼니마다 스스로에게 대접하듯 직접 요리해서 식사했더니 드디어 몸이 변하기
시작했어요. 먹는 재미와 요리하는 즐거움, 살 빠지는 기쁨이 커지며 나를 사랑하는
마음도 점점 커지는 게 느껴졌어요. 거울에 비친 나를 볼 때마다 갸름해진 얼굴형,
또렷해진 윤곽, 점점 납작해지는 배와 가늘어지는 몸통에 희열을 느끼며 식이요법에
박차를 가할 수 있었어요. 마침내 고단백 저탄수화물 식단으로 22kg 감량에 성공했고,
이후에도 6년째 줄곧 적정한 체중과 식습관을 유지하고 있어요.

자연스레 유지를 돕는 식습관의 변화

이렇게 숱한 다이어트의 실패 이후 고단백 저탄수화물 식단의 성공으로 깨달은 게 있어요.
감량보다 더 중요한 것은 감량할 때의 습관을 이후에도 유지하는 것이고, 습관을 유지하려면
다이어트를 할 때 평생 지속할 수 있는 식단으로 해야 한다는 것이에요. 결국 '식습관을
바꾸는 것'이 다이어트의 가장 중요한 핵심이에요.
한때는 가장 좋아하는 음식이 불냉면일 만큼 자극적인 맛을 좋아했어요.
지금도 가끔씩 먹으면 여전히 맛있지만, 과도한 나트륨 때문에 몸이 금세 붓고 위장이
쓰리더라고요. 예전에는 겉모습에만 신경 썼다면 이제는 몸 전체의 미세한 변화를 알아챌
정도로 내 몸을 이해하고 사랑하게 된 결과라고 생각해요. 몸이 힘들다는 것을 알게 되니
몸에 좋지 않은 걸 전만큼 자주 찾지 않는 건 당연하고요. 식단 개선 이후 저절로 입맛이
바뀌었다니 정말 신기하죠?
그리고 6년째 식습관을 유지하게 도와준 것 중 하나가 SNS였어요. 식단을 지키면서 꾸준히
몸이 변화하는 모습을 올릴 때마다 곳곳에서 응원해주는 분들이 제겐 큰 힘이 되었어요.
또 직접 개발한 다이어트 레시피를 SNS에 공유하고 나누며 소통하는 즐거움도 컸고요.
이 과정으로 저는 몸뿐만 아니라 마음까지 더 건강해짐을 경험했어요.
여러분도 저처럼 식습관을 유지하는 즐거운 계기를 꼭 찾았으면 해요.

다이어트 식단으로 엄마도
17kg을 감량했어요!

그리고 신기한 일이 하나 더
있어요. 저의 첫 요리책에 나온
다이어트 식단을 토대로
엄마와 함께 밥을 먹기
시작했고, 엄마는 꾸준히
제 요리를 먹으며 2년간
천천히 약 17kg을 감량했어요.
물론 요요도 없었고요.

엄마가 다이어트를 성공한 것도 기쁘지만
더 좋은 일은 잃었던 건강과 활력을
되찾았다는 거예요. 다이어트 성공 후
전보다 더 건강한 시간을 보내는 엄마를 보면
저도 행복해지더라고요.
이렇게 건강하게 다이어트를 하는 일상이
즐겁다면 의아해하는 분도 있겠죠?
과거의 저라도 못 믿었을 거예요.
다이어트란 과도하게 굶고 음식을
제한하는 힘든 행위라고만 생각했었으니까요.
그런데 겪어보니 진정한 다이어트란
그런 게 아니었어요.

몸무게만을 줄일 목적으로 먹고 싶은 것을 못 먹고, 힘에 부칠 만큼 죽도록 운동하는 게
최선이 아니었어요. 그렇게 빨리 뺀 살은 뺄 때보다 빠르게 다시 찾아오기 마련이에요.
이전보다 조금 더 내 몸의 목소리에 귀를 기울이고, 건강한 음식을 먹고, 내가 좋아할 만한 운
동을 찾아 도전하며 성취감을 느끼는 모든 과정이 다이어트의 필수 요소였어요.
마치 좋아하는 사람의 모든 것이 궁금한 것처럼 스스로에게,
내 몸이 하는 안과 밖의 이야기에 관심을 쏟아야 해요.
그러다 보면 감량은 반드시 자연스레 따라오고, 내 몸은
물론이고 정신과 마음까지 긍정적으로 변해요.

1분 만에 매진된 쿠킹클래스 요리를
한 권에 담았어요!

이미 두 권의 요리책을 출간했지만, 좀 더 나아진 요리 솜씨와
재미난 아이디어, 다이어트 유지 비법으로 훨씬 더 맛있게
업그레이드된 요리를 선보이게 되었어요. 그동안 많은 분들에게
요리를 가르치며 얻은 조언과 팁을 참고하여 저만의 창의력을
더했더니 그 어느 때보다 참신한 레시피가 탄생했어요.
더욱 기발하고 새로운 책 속 레시피가 다이어터의 입을 즐겁게 해주고

먹을수록 살 빠지게 도와줄 거예요.

팬 하나와 가위만 있으면 설거지가 줄고 그릇이 필요 없는 원팬 레시피,

요리를 손 쉽고 빠르게 완성해주는 전자레인지와 에어프라이어 레시피,

냉장고를 털어서 만드는 채식 레시피, 도시락, 밀프렙, 간식 등 다이어트 하는 내내

지루할 틈 없는 101가지 요리가 가득해요.

여러분도 내 몸에 조금 더 관심을 쏟는 시간, 내 손으로 건강한 식사를 만들어 먹는 과정을

통해 다양한 즐거움을 누리며 다이어트에 성공하길 바라요. 제가 만든 맛있게 살 빠지는

요리들이 여러분의 다이어트에 조금이나마 도움이 되었으면 좋겠어요. 스트레스 받지 않고

배고프지 않게, 맛있게 다이어트 하면 몸도 마음도 즐겁다는 걸 모두가 아는 그날까지

저는 실천 가능한 다이어트 레시피를 만들고 나눌게요.

2020년 다이어트미니 박지우

Contents

PART 1

팬 하나로 세상 편하게 요리하는

원팬

PART 2

전자레인지&에어프라이어

PART 3

월드와이드 집밥

PART 4

PART 5

PART 6

PART 7

미니의
밥숟가락 계량

밥숟가락 가루 계량

| 1큰술 | 1/2큰술 | 1/3큰술 |

밥숟가락 액체 계량

| 1큰술 | 1/2큰술 | 1/3큰술 |

밥숟가락 장류 계량

1큰술

1/2큰술

1/3큰술

종이컵 계량

액체 1컵

가루 1/2컵

견과류 1/2컵

손대중 계량

약간(한 꼬집)

한 줌

미니가 사랑하는
단골 식재료

오트밀

"식단을 시작하려는데 뭘 사야 할까요?"라는 질문을 받으면 가장 먼저 오트밀을
추천해요. 귀리를 건조·압착해서 당 지수가 낮은 착한 탄수화물인 데다가 단백질,
식이섬유뿐만 아니라 칼륨도 풍부해 나트륨 배출을 도와주거든요.
입자가 가장 작아 재빨리 조리할 수 있는 퀵오트밀, 입자가 가장 커서
쫄깃쫄깃 씹는 즐거움을 주는 점보오트밀, 저는 주로 두 가지를 사용해요. 요리에
밥이나 밀가루 대신 오트밀을 넣으면 한국식 죽, 서양식 포리지, 쫀득한 전,
달콤한 빵과 쿠키 등으로 무궁무진하게 활용할 수 있어요.
보관도 조리법도 간편한 만능 식재료라서 자취생, 맞벌이 부부 등
누구에게나 추천합니다. 아직까지 오트밀을 신문지 맛이 나는 맛없는
식재료로 오해하고 있다면 다양한 오트밀 레시피로 고정관념을 없애 줄게요.

낫토

세계 5대 건강식품으로 단백질, 비타민, 미네랄과 식이섬유, 유익균이 풍부해요.
낫토는 냉장과 냉동 제품이 있는데, 냉장 생낫토는 일주일 이내에 먹을 분량은
냉장실에, 유통기한 내에 먹지 못할 분량은 구입 후 곧바로 냉동실에 보관해요.
유통기한이 임박할 때까지 냉장실에 보관한 낫토는 과발효되어 이후에 냉동했다가

해동하면 쓴맛이 나기도 해요. 낫토는 열을 가하면 영양소가 파괴되니 냉동 낫토는
먹기 전날 냉장실에서 해동하거나 실온에서 몇 시간 동안 자연해동하고, 급할 땐 전자레인지로
15초 정도만 가열해요. 먹기 전에는 젓가락으로 20번 이상 휘저어 하얀 실처럼 늘어나는 낫토키나제 성분을
충분히 만들어서 낫토의 영양을 온전히 섭취해요. 만약 낫토의 끈적함과 쿰쿰한 냄새 때문에 거부감을 느낀다면
아삭한 채소와 김치, 상큼한 과일 등을 조합한 미니의 낫토 레시피를 활용해보세요.

병아리콩

다양한 콩 종류 중에서도 단백질 함량이 높고, 콩 특유의 비릿함이 적으면서 고소한 맛이 강해요.
병아리콩은 최소 3~6시간 정도 물에 담가 불리고 소금을 한 꼬집 정도 넣어서 삶은 뒤 소분해서
냉동 보관해요. 너무 오래 불리면 맛이 없어지니 자기 전에 불려서 아침에 삶으면 좋아요.
조금 번거롭지만 한꺼번에 많은 양을 삶아서 냉동하면 정말 요긴하죠. 바쁘거나 귀찮을 때는
병아리콩통조림을 사용하세요.

냉동한 생닭가슴살 & 생닭안심

다이어트 하면서 가장 많이 찾는 고단백 저지방 부위예요.
밖에서 간편하게 먹거나 빨리 조리해야 할 때는 완조리닭가슴살이 편리하지만,
집에서도 완조리제품을 사용하면 가격도 만만치 않은 데다 식품첨가물이
염려되기도 해요(요즘엔 첨가물을 최소화한 제품도 많으니 따져보고 구입해요).
그래서 저는 완조리제품뿐만 아니라 보관 기간이 길어서 편리한 냉동생닭가슴살과
냉동닭안심을 함께 구비해요. 먹기 전날 냉장실에 넣어서 해동하거나
요리 시작 시 뜨거운 물에 담가두고 다른 재료를 손질하면 편리해요.

훈제오리

단백질과 불포화지방산이 풍부한 단백질 식품으로 닭가슴살이 질릴 때면
자주 찾아요. 하지만 훈제오리나 붉은색 가공육 대부분에는 발암성분으로
알려진 아질산나트륨이 들어 있어요. 다행히 이러한 첨가물은 물에 데치면
사라지는 수용성이에요. 첨가물을 없애고 지방 섭취를 조금이라도 줄이기 위해
훈제오리나 가공육을 먹을 때는 물에 꼭 데쳐서 사용해요.

청양고추 & 양파 & 마늘

매운맛 채소 삼총사는 다이어트 시 항상 구비해둬요. 다이어트 중에는 짜고 자극적인
맛을 피해야 하는데, 그 허전함을 알싸한 채소가 채워주거든요. 우선 청양고추는 작게 잘라
냉동실에 보관해요. 양파는 껍질을 벗겨 뿌리를 제거하고 물에 씻지 않은 채
자른 부분의 물기만 닦아 밀봉하여 냉장실에 보관해요. 쉽게 무르지 않아 껍질 있는
양파보다 훨씬 오래 보관할 수 있어요. 마늘은 밀폐용기에 설탕을 충분히 담아
키친타월을 깔고 얹어서 보관하면 설탕이 용기 안에 생기는 습기를 제거해줘요.

냉동채소믹스

매번 채소를 소진하지 못하거나 손질이 귀찮다면 냉동채소믹스가 유용해요.
볶음요리나 간단한 전자레인지 요리 등 다양한 음식에 활용할 수 있어요. 게다가 재료
손질 시간이 줄어드니 조리시간도 절약되어 바쁠 때나 귀찮을 때 좋아요. 옥수수나 콩이
들어간 냉동채소는 유기농 제품을 선택해서 유전자 변형 식품을 피해요.

토마토소스

다양한 요리에 토마토소스 한 숟가락을 넣으면 감칠맛이 확 살아나요.
저는 조금 비싸더라도 토마토 함량이 높거나 첨가물이 적은 유아용, 유기농 제품을 선택해요.
토마토소스에는 합성보존료가 들어 있지 않아 개봉해서 오래 두면 곰팡이가 생기므로 실리콘
얼음틀에 얼려서 한 조각씩 사용하면 편리해요.

미니가 추천하는
새로운 식재료

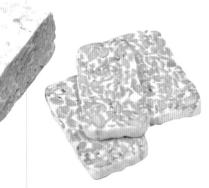

템페

콩을 발효시켜 만든 인도네시아 식품 템페는 100g에 단백질을 19g이나 함유한
식물성 고단백 식품이에요. 발효 제품이라 청국장이나 낫토 같은 콩 특유의
향이 있지만, 그 향이 강하지 않고 고소하고 부드러워 마치 치즈를 먹는 것 같기도
해요. 주로 온라인마트에서 유전자 변형이 없는 국산콩으로 만든 제품을
구입해서 냉동실에 보관해요. 조리 30분 전에 실온에 두거나 전자레인지로
해동하고, 생으로 먹기보다는 굽거나 익혀 먹으면 어느 요리에나 잘 어울려요.

라이트누들

탄수화물 때문에 면 요리가 부담될 땐 곤약면을 사용해요.
하지만 특유의 비릿한 향 때문에 요리와 어우러지지 않아 손이 잘 가지
않더라고요(곤약면을 물에 헹구고 데치거나 볶음요리로 만들면
향이 대부분 사라져요). 이런 단점을 보완하기 위해 병아리콩가루와
볶음콩가루를 첨가한 풀무원 라이트누들은 곤약 특유의 향이 나지 않고
식감이 좋으며 헹굴 필요 없이 물기만 빼고 바로 먹을 수 있어서 간편해요.
저는 주로 온라인마트에서 구입해요.

뮤즐리

설탕과 기름이 들어간 시리얼이나 그래놀라와는 달리, 뮤즐리는 설탕과
그 밖의 첨가물이 적어요. 귀리를 납작하게 누른 오트밀과 다양한 통곡물, 견과류,
씨앗, 건과일 등으로 구성되어 재료 본연의 맛이 살아 있고 식이섬유와
무기질이 풍부해요. 뮤즐리 40g 정도를 우유나 요거트에 곁들여 간단한 아침 식사로,
때로는 다이어트 베이킹 재료로 활용하기도 해요. 건조식품이니 밀봉해서 실온 보관하세요.

콜리플라워라이스

외국에서는 이미 쌀을 대신해서 많이 쓰는 저칼로리, 저탄수화물
식재료예요. 콜리플라워를 쌀과 비슷한 크기로 잘게 다진 제품으로
모양과 식감이 밥과 비슷해 다양한 요리에 쓰여요. 일반 콜리플라워를
직접 다져 써도 되지만 냉동콜리플라워라이스를 사두면 저탄수화물
볶음밥, 죽 등을 간편하게 만들어 먹을 수 있어요.

뉴트리셔널 이스트

채식주의자 사이에서 치즈 대체품으로 유명한 영양효모로 채소에 부족한 비타민 B가
가득해요. 치즈를 대신해 요리의 감칠맛을 높여주고 단백질이 함유되어 요리에 조금씩
활용하기 좋아요. 생으로 뿌려 먹기에는 쿰쿰한 향 때문에 호불호가 나뉠 수 있으니
리소토, 파스타 등에 한 숟가락씩 넣고 익혀서 치즈처럼 고소한 맛을 즐겨요.

허브(애플민트, 로즈마리, 바질 등)

요리에 재미가 붙으면 플레이팅에도 관심이 생겨요. 보기 좋은 음식이 맛도 좋은 법이니까요.
음식 위에 초록빛 허브를 올리면 음식의 완성도가 높아져서 사진을 찍어도 예쁘고 은은한 향에
기분까지 좋아져요. 대형마트나 온라인마트에서 소량씩 사도 좋지만, 햇빛이 드는 장소가 있다면
작은 화분에 직접 키워보세요. 허브가 없다면 깻잎을 가늘게 채 썰어 올려도 좋아요.

초보자도 실패 없는
샌드위치·롤·김밥 재료 손질

채 썰거나 얇게 찢어 넣는 재료

당근

채칼 위에 당근을 비스듬히 얹어 채 썰면 당근채가 길게 많은 양이 썰려 칼질하는 수고를 덜어줘요.
길고 얇게 썰린 당근채는 모양을 잡기가 좋아서 샌드위치를 높이 쌓거나 김밥이나 롤을 도톰하게 말
기 좋아요. 생으로 써도 좋지만 올리브유에 살짝 볶으면 지용성비타민의 흡수를 도와요.

양파

양파를 일정치 않은 두께로 두껍게 채 썰면 높게 쌓았을 때 잘 미끄러져 무너지니 칼이나 채칼로
얇게 채 썰어 사용해요. 양파의 매운맛이 싫다면 물에 잠시 담갔다가 키친타월로 물기를 없애요.

오이

오이는 수분이 많아서 채 썰기보다는 필러로 넓적하게 썰어서 샌드위치에 가로세로로
교차하듯 올리면 안정적이에요. 즉석에서 먹지 않고 몇 시간 뒤에 먹을 샌드위치 도시락이라면
오이를 필러로 썰다가 씨 부분을 티스푼으로 파내어 제거하고 마저 썰어서 사용해요.
김밥이나 롤에 넣는 오이는 길게 2등분하여 씨 부분을 티스푼으로 제거한 다음, 다시 길고 도톰하게
2~4등분해 넣으면 수분이 적게 나와 눅눅해지지 않아요.

닭가슴살 & 게맛살

결대로 찢을 수 있는 단백질 재료는 손으로 찢어요. 조금 도톰하게 찢으면 씹는 맛이 있어요.
빈틈없이 빽빽한 단면을 만들고 싶다면 적당히 가늘게 찢어주세요.

통째로 넣는 재료

잎채소 & 치즈 & 두부
모양이 일정하거나 두께가 얇은 재료는 통째로 넣어요.

슬라이스치즈
빵이나 토르티야 위에 가장 먼저 올리면 속 재료의 수분이 빵에 스미는 것을 방지해요.

잎채소
샌드위치, 롤, 김밥을 만들 때 잎채소를 2~3번째 순서에 얹어 나머지 속 재료를 올리고, 맨 마지막 순서에도 속 재료를 덮듯이 올리면 속 재료의 수분을 사방에서 막아줘요. 사용할 땐 깨끗이 씻어 키친타월이나 채소탈수기 등으로 물기를 빼주세요. 자른 단면이 예쁘려면 잎채소의 줄기를 칼질하는 세로 방향과 수직이 되게 가로 방향으로 올려주세요.

고추
단면의 동그랗고 예쁜 모양을 살릴 수 있게 통째로 넣고, 칼질하는 세로 방향과 수직이 되게 가로 방향으로 올려요.

달걀프라이
샌드위치를 잘랐을 때 가운데에 위치한 반숙 달걀노른자는 샌드위치의 화룡점정!
달군 팬에 기름을 살짝 둘러 달걀을 깨 올려요. 노른자가 가장자리로 치우쳤다면 달걀이 많이 익기 전에 숟가락으로 재빨리 가운데로 옮겨 고정될 때까지 몇 초간 기다려요. 달걀의 한 면이 충분히 익으면 뒤집고 불을 꺼 팬의 잔열로 나머지 면을 익혀 반숙 달걀프라이를 완성해요.

적당한 크기로 써는 재료

토마토 & 사과 & 키위 & 아보카도
색과 모양이 예쁘고 식감이 좋은 재료는 0.3~0.5cm 정도로 일정하게 썰어 규칙적으로 올려요. 샌드위치의 씹는 맛도 좋아지고 자른 단면도 예뻐요.

누구나 빵빵하게 만드는
샌드위치 절대 공식

샌드위치 전문점의 비법 : 재료 쌓는 테트리스 공식

 Tip 1

눅눅하게 수분에 쩐 샌드위치는 NO!

가장 수분이 없거나 다른 속 재료의 수분을 막아주는 재료를 빵과 맞닿게 올려요.
식빵 위에 제일 먼저 슬라이스치즈를 올리고, 나머지 식빵을 덮기 직전에 잎채소를 올려요.

 Tip 2

가운데에 재료가 몰린 편의점 샌드위치 스타일은 NO!

기초공사를 튼튼하게 해야 샌드위치 속 재료가 골고루 빵빵하게 들어가 마지막 한입까지
맛있어요. 썰거나 찢은 재료를 식빵 위에 젓가락으로 빈틈없이 올리고, 단면을 떠올리며
'적당한 크기로 써는 재료' → '통째로 넣는 재료' 순으로 많은 재료를 안정감 있게 쌓아요.

 Tip 3

알록달록 단면이 예쁜 샌드위치로 완성도 UP!

샌드위치 속 재료를 쌓을 때 색깔의 조화를 고려해서 비슷한 색상의 재료가 겹치지 않도록
알록달록하게 채워요. 또 포장하고 자른 후 단면을 생각하며 가운데 부분은 차곡차곡,
보이지 않는 부분은 안정감 있게 배치해요. 특히 달걀프라이는 노른자가 한가운데에
올 수 있게 올려주세요.

세상 쉬운 튼튼 포장법 : 매직랩 래핑 노하우

한쪽 면이 끈끈한 매직랩을 쓰면 일반 랩보다 샌드위치를 포장하기 쉬워요.
매직랩에 물기나 기름기가 묻으면 접착력이 현저히 떨어지니 손에 물기를 닦고 포장하세요.

1 정사각형 모양으로 자른 매직랩을 끈적이는 부분이 바닥과 맞닿게 깔고 속 재료를 올려 남은 식빵으로 덮어요.

2 한 손으로 빵을 가볍게 잡고 랩의 좌우를 붙여요. 첫 래핑이니 힘주어 팽팽히 붙이지 말고 샌드위치를 감싸는 정도로만 고정해요.

3 다시 위아래로 랩을 붙여 랩의 사면이 동서남북 방향으로 샌드위치를 감싸게 포장해요.

4 샌드위치는 랩끼리 맞닿은 부분이 잘 붙도록 바닥에 잠시 뒤집어둬요.

5 다시 정사각형 크기로 랩을 잘라 이번에는 끈끈한 면이 위를 향하게 놓고 뒤집어둔 샌드위치를 그대로 올려요.

6 다시 좌우 ⇨ 상하 순서로 랩을 붙여요.

7 양손으로 샌드위치의 네 모서리를 살짝 눌러 공기를 빼내고 랩을 잘 붙여요.

8 샌드위치를 쌓은 단면을 생각하며 칼질할 방향을 정하고 칼로 썰어요.

빵칼로 써는 게 가장 깔끔해요.
일반 칼로 썰 때는 칼을 세워서
톱질하듯이 썰어요.

마지막 한입까지 빈틈없는
팔뚝 토르티야롤 절대 공식

두껍고 단단한 롤의 비법 : 재료 선택 & 테트리스 공식

 Tip 1

토르티야 면적이 크면 클수록

크기가 큰 토르티야가 가장 좋지만, 작은 크기라면 두 장을 일부 겹쳐서 써요.
팔뚝처럼 두꺼운 토르티야롤을 만들면 2등분해서 두 번에 나눠 먹어요.

Tip 2

달걀지단과 쌈 채소로 덮어 단단하게

롤을 말 때 힘 조절을 못하면 헐겁게 완성되거나 토르티야가 찢어져요. 특히 쉽게 찢어지는
통밀토르티야에는 달걀지단을 한 겹 깔아주면 튼튼하게 포장돼요. 그 위에 속 재료를
푸짐하게 쌓고 마지막에 깻잎 등의 잎채소를 덮어주세요. 토르티야의 아랫부분을 양손으로
잡고 내용물을 한꺼번에 덮어 그대로 힘주어 말아내면 속 재료가 흘어지지 않아요.

Tip 3

재료는 가운데로

토르티야롤은 샌드위치와 다르게 재료를 가운데로 몰아서 만들어요. 또 '통째로 넣는 재료'를
먼저 올리고 '채 썰거나 찢은 재료'를 얹어야 재료를 높게 쌓을 수 있어요.

세상 쉬운 튼튼 포장법 : 매직랩 래핑 노하우

한쪽 면이 끈끈한 매직랩을 쓰면 일반 랩보다 롤을 포장하기 쉬워요.
매직랩에 물기나 기름기가 묻으면 접착력이 현저히 떨어지니 손에 물기를 닦고 포장하세요.

1 직사각형 모양으로 자른 매직랩을 끈적이는 부분이 바닥과 맞닿게, 길이가 긴 쪽이 가로로 오게 깔고 토르티야, 달걀지단을 올려요.

2 토르티야의 가운데에 잎채소를 깔고 '통째로 넣는 재료' ⇨ '채 썰거나 찢은 재료' 순으로 올려요.

3 잎채소로 속 재료를 덮고, 토르티야의 아랫부분을 잡아당겨 속 재료를 단번에 덮듯이 양손으로 한꺼번에 잡아 힘주어 말아요.

4 돌돌 말린 롤을 붙잡고 그대로 랩의 하단으로 가져와 랩으로 돌돌 말아요.

5 양옆에 삐져나온 재료는 숟가락으로 밀어 넣어 랩을 위로 당겨 붙이고, 반대편도 같은 방법으로 래핑해요.

6 조금 헐겁다면 다시 매직랩을 잘라 끈적이는 부분이 위를 향하게 깔고 롤을 올려 다시 힘주어 포장해요.

밥을 확 줄여도 배부른
저탄수화물 김밥 절대 공식

통통한 저탄수화물 김밥의 비법 : 재료 선택 & 꿀팁

김밥김은 길이가 긴 쪽을 세로로!

김밥김은 거친 면을 위로 오게 해서 밥과 맞닿게 만들어요. 그리고 보통 김밥을 쌀 때와는
반대로 김의 길이가 긴 쪽을 세로로 두고 김밥을 싸면 빵빵하게 말기 훨씬 쉬워요.
만약 속 재료가 너무 많아서 터질 것 같다면 김 한 장을 덧붙여 한 번 더 말아주고
김 끝부분에 물을 살짝 묻혀서 잘 붙여주세요.

밥과 밥 사이에  치즈 한 장!

김밥에는 밥이 꽤 많이 들어가서 다이어터라면 일반 김밥 한 줄을 다 먹는 건 자제해야 해요.
하지만 밥을 펼쳐 올릴 때 밥 대신 치즈로 공간을 메꾸면 밥 양을 줄일 수 있어요.
미니가 개발한 치즈 펼친 김밥으로 이제 김밥도 마음 편히 드세요.

김밥은 잠시 휴식 & 들기름 발라 썰기!

김밥을 말고 나면 김끼리 맞닿는 끝부분을 바닥과 맞닿게 잠시 그대로 둬요.
속 재료에서 수분이 나와 김의 끝에 밥풀이나 물을 묻히지 않고도 김끼리 잘 붙어 고정돼요.
김밥 윗부분에 들기름을 바르면 부드럽게 썰리고 향긋해요.

세상 쉬운 튼튼 김밥말이법 : 통통 김밥 노하우

1 김은 거친 면이 위로 오게, 길이가 긴 쪽을 세로로 놔요.

2 슬라이스치즈 1장을 3등분하고 김의 아랫부분 1/3 지점에 가로로 띠처럼 올려요.

3 김의 윗부분에 20~30% 정도의 공간을 남기고 나머지 부분에 밥을 얇게 펼쳐요.

4 '수분을 막아줄 잎채소' ⇨ '통째로 넣는 재료' ⇨ '채 썰거나 얇게 찢어 넣는 재료' 순으로 올려요.

김밥 윗부분과 칼에 들기름을 발라 썰어요.

5 잎채소로 속 재료를 덮고, 김의 아랫부분을 잡아당겨 김으로 속 재료를 단번에 덮듯이 양손으로 한꺼번에 잡아 힘주어 말아내요.

6 김과 김이 맞물리는 부분을 바닥으로 가게 잠시 두어 속 재료의 수분으로 김을 잘 고정시켜요.

미니의
트레이너

인스타그램
@guel_saem_ssam

글샘쌤이 공개하는 운동 꿀팁

Q1

감량에 효과적인 유산소
팁을 알려주세요!

아침 공복운동 1시간+
이른 저녁식사 이후 근력운동 30분+
유산소운동 1시간!

아침 기상 직후는 하루 중 혈당이 가장 낮아
체지방을 에너지로 사용하기 가장 좋아요.
저녁식사 이후에 하는 운동은 하루에 먹은
칼로리를 소비해서 체지방이 늘지 않게
도와줘요. 축구경기에 비유하자면 아침
공복 유산소운동은 지방에 대한 공격, 저녁
유산소운동은 지방 축적에 대한 방어예요.
홈트레이닝 시 사이클을 탈 때는 엉덩이를
들고 타면 강도가 훨씬 높아져요. 1분간
엉덩이를 들고, 4분간 앉아서 타면 5분 동안
앉아서 탈 때보다 훨씬 많은 에너지가
소모돼요. 또 '사이클 10분+버피테스트 20회'
를 1세트로 총 5세트를 반복하면 1시간
이하의 단시간 내에 강도 높은 유산소운동을
끝마칠 수 있습니다.

Q2

밤늦은 운동 후에 단백질을
꼭 섭취해야 할까요?

감량을 원하는 '다이어터'와 '밤늦은'이라는
조건이라면 단백질 섭취는 생략하세요.
오히려 위장의 음식물이 충분히 소화가
되지 않아 위염이나 신장 질환을 일으키고
몸에 피로감을 줄 수 있어요. 운동 직후에는
꼭 수분을 적절하게 보충해주세요.
단백질은 아침, 점심, 저녁, 하루에
세 번으로 나누어 탄수화물과 함께 적당한
비율로 먹는 게 가장 좋습니다.

Q3

**매일 운동하는 것보다 일주일 중
하루 정도 휴식하는 게 더 좋은가요?
그리고 근육통이 있을 때 해당 부위의
근력운동을 또 해도 되나요?**

20대라면 평소에 주 2회, 30대라면 주 3회
휴식하고 운동하길 권해요. 근육통을 유발
하지 않는 가벼운 근력운동이라면 매일 해도
되지만, 근육량 증가가 목적이라면 근육
통증을 유발하는 새로운 자극이 필요해요.
운동의 중량과 세트 횟수를 늘리고 동작의
난이도를 높게 바꿔서 운동하세요.
그리고 근육통은 휴식이 필요하다는
생리적인 신호이니 쉬면서 적절한 영양을
섭취하세요. 이때 오히려 무리한 운동으로
근육을 혹사하면 운동 전보다 기능과
컨디션이 떨어져요. 다만 근육통이 있는
부분에 근력운동 외에 회복과 컨디셔닝을
위한 가벼운 움직임을 주는 정도라면 근육통
완화에 도움이 됩니다.

Q4

**바쁠 때 유산소운동과 근력운동 중
하나만 해야 한다면 뭘 선택할까요?**

단연코 유산소운동입니다.
심장과 폐기능은 근기능보다 우선인데,
유산소 운동이 심장과 폐에 훨씬 도움이
되거든요. 하지만 운동 초급자라면 유산소,
무산소운동을 완벽히 구분하는 프로그램은
비효율적이라 권장하지 않아요.
근력은 근력대로, 심폐는 심폐대로 모두
자극할 수 있는 버피테스트와 점프스쿼트
같은 훌륭한 동작이 많이 있으니 참고하세요.

Q5

**유튜브에서 운동 영상을 보고
홈트레이닝을 할 때 주의할 점이 있을까요?**

저 또한 홈트레이닝 영상을 제작해봤고 실시간 화상 통화로 간접적인 트레이닝도 해봤지만,
현장 지도만큼 트레이닝 전략과 의도를 100% 전달하기란 불가능했어요.
그래도 집에서 혼자 운동할 때는 난이도가 낮은 쉬운 영상을 선택하고 어려운 동작은
오프라인에서 1:1 맞춤지도를 받으세요. 운동하는 사람들이 각자 다른 질병이나 신체 능력을
가졌으니 안전을 최우선해야 합니다.

Q6

식단을 지켜도 종아리 살이 안 빠져요.

손목처럼 지방이 적은 종아리 살이
잘 안 빠진다면 조직이 근육형이거나 운동
부족으로 인한 부종 및 혈관 판막 기능장애일
수 있어요. 종아리 근육 중 교정을
가장 많이 받는 후경골근(종아리의 가장
깊은 곳에 있는 근육)은 보행 중 한 발을
떼운 채 중심 잡기, 한 발로 앉았다 일어서기,
한 발로 점프하기 등 밸런스운동으로 교정할
수 있어요. 후경골근이 긴장하거나 짧아져
있다면 대개 한 발로 잘 서 있지 못하게
되는데 이를 교정으로 개선하면 종아리
붓기 감소에 효과적입니다.

보수볼 위에서
한 발로 중심 잡기

보수볼 위에서
한 발로 앉았다
일어서기

※ 맨발로 해야 효과적이고, 보수볼이 없다면 요가매트 위에서 진행

Q7

익숙해져서 그런지 근육통이 없어요.
내 몸에 맞는 운동강도가 따로 있나요?

근육은 생각보다 트레이닝에 빠르게
적응해요. 익숙해지지 않도록 새로운 동작과
강도, 루틴을 시도하되, 개인별 체력과
체형을 고려해 운동강도를 다르게 설정해야
효과적이에요. 근력운동으로 지속적인 근육
통(근지연통증)을 원하면 해당 부위에 아래
와 같은 조건이 필요해요.

① 정확한 자세 ② 중량 증강
③ 세트 반복 횟수 증가
④ 그 밖의 근육 자극용 상급자용 테크닉

내 몸에 바라는 결과가 근육의 크기(질량)라
면 중량을 늘리고, 근육을 선명하게 만들거
나 체형 교정이라면 세트 반복 횟수 증가,
정적인 자세(static training) 유지를
적용하세요. 지금 자신의 몸 상태와
운동 능력을 관찰하고 기록해 데이터로
삼으면 분명히 발전이 있을 거예요.

스쿼트 마지막 횟수에서 앉은
자세로 30초간 홀딩(holding) 하기

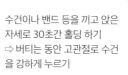

수건이나 밴드 등을 끼고 앉은
자세로 30초간 홀딩 하기
⇨ 버티는 동안 고관절로 수건
을 강하게 누르기

골반비대칭에 좋은 운동을 알려주세요.

골반교정에 가장 좋은 운동은 휴식과 적절한 움직임, 정적인 자세로 오래 머물지 않는 것이에요.
좋은 휴식은 좌식생활을 하지 않는 것, 의자에 앉아 있는 시간을 줄이는 것, 바로 누워 있는 자세예
요. 좋은 움직임은 골반을 회전하는 운동을 말해요. 조금 말랑한 매트나 짐볼 위에 앉아서 등을 곧게
세우고 골반을 꼬리뼈 중심으로 시계방향, 반시계방향을 따라 둥근 원을 천천히 그려보세요.
어느 한쪽으로 잘 움직여지지 않는 패턴을 발견할 거예요.
골반은 오랜 시간에 걸쳐 좌우 사용빈도가 다르면 좌우 근신경 발달도 달라져 근력에 차이가 나요.
이 부분을 일시적으로 교정하면 몇 분간은 실제 교정이 된 것 같지만 솔직히 이야기하면 이것은
교정이 아니에요. 단언하건대 생활 습관을 이길 수 있는 교정운동은 존재하지 않습니다.
아래는 실생활에 접목할 수 있는 다양한 교정 팁이니 따라 해보세요.

① 등받이 없는 의자에 척추를
꼿꼿이 펴고 앉기

② 무릎 사이에 주먹 하나 정도
두께의 쿠션을 끼우고 앉기

③ 엎드려서 팔을 머리 위로 펴
손바닥을 맞닿게 붙이고,
뒤꿈치를 붙여 슈퍼맨 자세
만들기 ⇨ 손바닥과 뒤꿈치
안쪽을 계속 조이기

④

천장을 보고 누워 만세 자세를 한 후
힙 브릿지하기 ⇨ 배를 깊게 당기기

⑤

누워서 짐볼 위에 다리를 모아서 얹고 팔을 벌려
손바닥과 바닥이 떨어지지 않게 붙이기
⇩
고개는 골반과 반대 방향을 향하면서
다리와 골반을 좌우로 뒹굴뒹굴 굴리기
⇩
공이 빠지지 않게 신경 쓰며 굴리기

⑥

기지개를 켠 자세로 눕기
⇩
전신을 좌우로 비틀면서 비트는
방향마다 10초간 유지하기
⇩
몸을 점점 더 많이 비틀기

'마름탄탄'한 몸을 만드는 데 가장 중요한 건 무엇인가요?

'마름탄탄'으로 보이기 위한 핵심은 11자복근으로, 복근이 잘 보이려면 체지방을 한 자릿수로 만들기 위해 전략적인 유산소운동과 식이요법이 필요해요. 복근은 높은 근육량 때문이 아니라 체지방이 적어야 잘 보인다는 것을 기억하세요.

퍼스널트레이닝(PT) 시 좋은 선생님을 어떻게 선택하죠?

<더 쉽고 더 맛있게 고단백 저탄수화물 다이어트 레시피>에서 제가 간략하게 정보를 드린 적이 있지만, 좀 더 구체적인 답변을 드릴게요.

① 트레이너에게 바라는 리스트 작성
'응대(말과 행동) 태도/서비스마인드/ 임상과 이론에 대한 전문성/ PT 이외의 시간에도 관리해주는 성실함과 책임감/관리된 이미지와 몸 상태/ 좋은 매너' 등 트레이너에게 원하는 요소를 적어 구체적인 리스트를 만들어보세요.

② 지인들에게 담당 트레이너 평가 부탁
주변에서 PT를 받고 있는 지인들에게 작성한 리스트를 토대로 현재 담당 트레이너의 평가를 부탁하세요.

③ 트레이너 선택 후 1회 체험
가장 좋은 평가를 받은 트레이너에게 1회 체험을 받아보세요. 트레이너에게 운동 목적을 이야기하고 트레이닝과 관련한 사소한 부분까지 자세히 물어보고 자신의 스타일과 맞는지 판단하세요.

④ 트레이너 정보 수집 후 결정
그 밖에 트레이너의 관련학과 전공 유무, PT와 관련된 자격증, 실제 업무 경력, 관련된 후기 등 포괄적인 정보를 수집해서 PT를 계속할 것인지 결정하세요.

좋은 트레이닝은 트레이너 혼자 달성할 수 없어요. 트레이너와 운동하는 사람 간의 긴밀한 소통을 거쳐야 매회 세션 프로그램 (운동 목적 달성/소화 가능한 운동강도 조율/트레이너의 부적절한 멘트 조정 등)이 진화해요. 고객 또한 트레이너를 신뢰하고 개선점을 잘 실천해주어야 변화가 이루어져요. 만약 스스로 변화해야겠다는 결심이나 의지가 부족하다고 생각되면 퍼스널트레이닝을 보류하는 게 바람직합니다.

글샘쌤이 추천하는
스트레칭

사무실에서 간단히 할 수 있는 스트레칭

① **거북목 완화 동작**

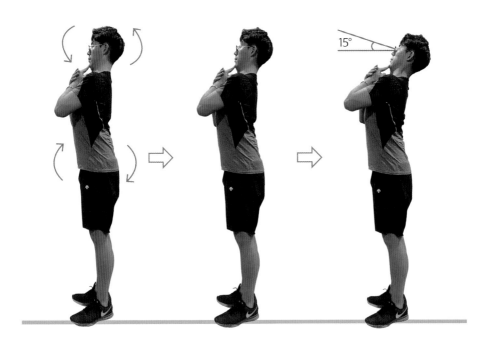

15°

배꼽을 안쪽으로 깊게 넣고 꼬리뼈가 바닥을 향하는 자세로 서기 ⇨ 항문을 조이며 턱을 뒤로 당겨 두 턱 만들기

⇨ 머리를 천장 방향으로 늘이며 수평에서 15도 위치에 시선 두기 ⇨ 1분간 자세를 유지하고 자연스럽게 호흡하기

② 솟은 승모근 이완 동작

양손을 귀 뒤에 얹기 ⇨ 내쉬는 호흡에 턱을 당겨 시선 올리며 팔꿈치, 등, 머리를 함께 올리기

③ 굽은 어깨 펴는 동작

양손 엉덩이 뒤로 잡고 내쉬는 호흡에 하늘 보기

뒤꿈치와 허벅지 안쪽을 붙이고 발끝은 바깥쪽을 바라보게 바로 서기
⇨ 허벅지 안쪽을 조이듯이 힘을 주며 배를 안쪽으로 당기기
⇨ 깊게 당긴 배와 괄약근에 소변을 참듯이 긴장을 유지하고 턱을 뒤로 당기기
⇨ 양손을 엉덩이 뒤로 모아 깍지를 낀 다음, 바닥을 향해 밀며 하늘 바라보기
⇨ 턱 아래 목 근육의 당김을 느끼며 코로 호흡을 유지하고 1분간 자세 유지하기

벽에 최대한 옆으로 붙어 앉기 ⇨ 무릎이 벌어지지 않게 꼭 붙이기

⇨ 벽에 가까운 팔을 손바닥이 벽을 향하게 대고 스치듯이 원을 그리며 등 뒤로 넘기기

⇨ 시선은 돌아가는 팔의 손끝을 끝까지 주시하고, 반대쪽 팔은 반대쪽 무릎 바깥을 잡기

⇨ 1세트에 15~20회 정도로 움직임이 부드러워질 때까지 반복하기

④ **손목 통증 완화 동작**

척추를 곧게 세우고 앉아 양팔을 옆으로 곧게 뻗고 손목을 위로 꺾기

⇨ 머리를 천장을 향해 쭉 뽑으면서 두 턱 유지하기

⇨ 벽을 밀어내듯 양손바닥을 몸 바깥쪽으로 밀어내기

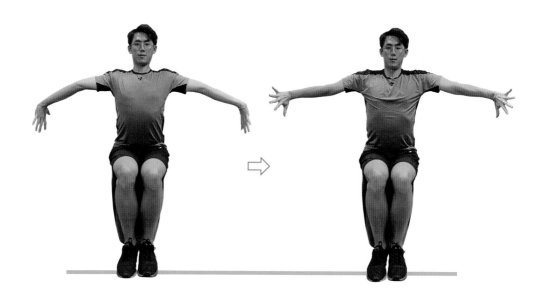

팔을 돌려 뒤로 회전했다가 앞으로 회전하기를 반복하기

(손목이 더 이상 돌아가지 않을 때까지 끝까지 돌리기)

양팔을 양옆으로 곧게 뻗고 손바닥에 공을 쥐듯 둥글게 말아 손목을 위로 꺾기

⇨ 손목을 앞뒤로 회전하기를 반복하기

① 척추 늘이기(척추신전)

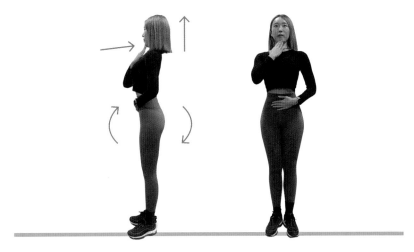

서 있는 자세에서 척추신전(아랫배를 당기고 머리를 정수리 방향으로 길게 늘이는 자세) 후
흉식호흡으로 내쉬는 호흡을 갈비뼈가 조이는 느낌이 들 때까지 최대한 끝까지 뱉어내기
⇨ 내쉬는 공기가 모두 소진되더라도 좀 더 뱉어내려고 노력하기

② 사이드 플랭크

기본 자세   초보자 자세

옆으로 누워 팔꿈치를 어깨와 수직이 되게 바닥에 대고
척추신전 자세 후 흉식호흡 하기

③ **네발 기기(쿼드라패드)**

기본 자세

턱 들어올린 자세

네발 기기 자세에서 척추신전 후 정면을 응시하고 흉식호흡 하기
(가장 중요한 점은 모든 자세에서 '흉식호흡 중 내쉬는 호흡에서
최대한 끝까지 뱉어내는 과정'을 반복하는 것)

미니의 꿀팁 Q&A

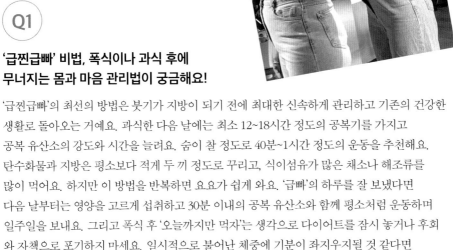

Q1

**'급찐급빠' 비법, 폭식이나 과식 후에
무너지는 몸과 마음 관리법이 궁금해요!**

'급찐급빠'의 최선의 방법은 붓기가 지방이 되기 전에 최대한 신속하게 관리하고 기존의 건강한
생활로 돌아오는 거예요. 과식한 다음 날에는 최소 12~18시간 정도의 공복기를 가지고
공복 유산소의 강도와 시간을 늘려요. 숨이 찰 정도로 40분~1시간 정도의 운동을 추천해요.
탄수화물과 지방은 평소보다 적게 두 끼 정도로 꾸리고, 식이섬유가 많은 채소나 해조류를
많이 먹어요. 하지만 이 방법을 반복하면 요요가 쉽게 와요. '급빠'의 하루를 잘 보냈다면
다음 날부터는 영양을 고르게 섭취하고 30분 이내의 공복 유산소와 함께 평소처럼 운동하며
일주일을 보내요. 그리고 폭식 후 '오늘까지만 먹자'는 생각으로 다이어트를 잠시 놓거나 후회
와 자책으로 포기하지 마세요. 일시적으로 불어난 체중에 기분이 좌지우지될 것 같다면
폭식 다음 날은 체중계에 오르지 않아도 괜찮아요. 갑자기 불어난 체중은 배출되지 않은
음식물과 붓기의 무게이고 아직 지방이 되기 전이에요. 후회할 시간에 조금 더 움직여
감량을 돕고 건강한 생활 패턴을 찾으세요.

Q2

6년 차 유지어터로서 꼭 지키는 습관이 있나요?

양치 후 공복에 물 1잔 + 하루에 1.5L 이상의 물 마시기
기상 후 공복에 마시는 물 1잔은 신진대사 및 혈액순환 활성화, 밤새 몸속에 쌓인 노폐물 배출,
장운동으로 배변활동 촉진 등을 도와요. 자고 일어난 후에는 입속에 세균이 많으니
꼭 물로 입을 헹구거나 양치하고 물을 마셔요. 그리고 하루 중 틈틈이 물 1잔(약 250mL)씩
하루 1.5~2L의 물을 마셔요.

미니의 하루 물 루틴

- 공복: 미지근한 물 1잔
- 밥 먹기 30분 전: 물 1잔
- 오후: 가짜 식욕을 막아줄
  4~5잔 정도의 물과 차
- 잠들기 30분 전: 따뜻한 물 1잔

일상 속 활동량 늘리기

가까운 거리는 대중교통 대신 빠르게 걸어서 이동하기, 점심 식사 후 산책하기,
출근 시 에스컬레이터 대신 계단 이용하기, 화장실에 갈 때마다 간단한 스트레칭이나
스쿼트 등 일상 속 틈새운동이 습관이 되면 유산소운동 이상의 효과를 볼 수 있어요.

자기 전 족욕과 가벼운 스트레칭 하기

취침 전 족욕은 종일 쌓인 발의 피로를 풀어주고 전신 혈액순환을 촉진해요.
부종형 하체비만이었던 저는 족욕과 스트레칭으로 몸을 이완해 깊은 잠을 자고 상쾌한 아침을
맞이하는 데 도움을 받았어요.

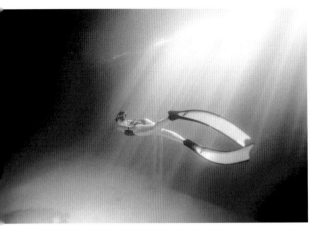

Q3

운동하기가 너무 싫은데 식단만으로 다이어트가 되나요?

물론이죠! 제 다이어트 경험으로는 식단 조절이 8할 이상을 차지했어요.
운동을 열심히 해도 먹고 싶은 음식을 다 먹으면 체지방과 근육량이 함께 증가해 튼튼해지기만
할 뿐, 살은 절대 빠지지 않았어요. 우선 식단 조절로 다이어트를 시작하고 가볍게 걸으며
2~3kg 정도를 감량하세요. 몸이 가벼워지는 변화에 재미가 붙으면 그때 자신에게 맞는
운동을 찾아도 늦지 않아요. 식단과 운동의 시너지로 빠른 감량과 탄력 있는 몸매를 얻을 수
있고 기초대사량도 높아져 요요현상에서 벗어날 수 있어요. 저도 운동을 싫어했지만
수영, 요가, 등산 등 여러 가지 운동에 도전해 제게 맞는 운동을 찾았고, 몸이 변화하면서
일상에 활력이 생기는 걸 경험했으니 언젠가는 꼭 도전해보세요.

Q4

식단 중에 음식의 양을 조절하기가 어려워요.

아무리 신선하고 몸에 좋은 음식이라도 칼로리나 영양이 과잉되면 잉여 에
너지가 되어 지방으로 축적돼요. 양 조절에 익숙해질 때까지 가족, 친구와
음식을 공유하지 말고 유아용 식판이나 한 접시에 덜어서 자기 몫만 먹는 연습을 해요.

책 속 요리를 할 때 계량을 참고해서 딱 일 인분의 양을 만들어 먹으니까 양을 조절하는 데
도움이 될 거예요. 식사 중에는 TV나 휴대폰을 보기보다는 온전히 음식에 집중해 꼭꼭 씹어
먹으며 적당한 포만감을 찾아보세요. 포만감 일기를 쓰는 것도 좋은 방법이에요.

체중 변화가 없는 다이어트 정체기를 어떻게 극복했나요?

정체기는 다이어터라면 누구나 겪는 과정이에요. 그동안 감량을 잘했으니 몸이 감량
체중에 적응하는 시간을 주세요. 이때 조급하게 식사량을 줄이고 운동량을 늘리면 살이 아닌
근육이 빠져요. 또 무리한 다이어트의 보상심리로 식탐이 커져 폭식하기 쉽고 결국 요요로
이어지죠. 정체기에는 체중계를 멀리하고 지속 가능한 식단, 적절한 운동, 나만의 생활 루틴에
집중하세요. 조만간 다시 쭉쭉 감량하는 시기가 올 거예요.

아침운동을 하고 싶은데 아침잠이 많아요.
일찍 일어나는 팁이 있나요?

공복 아침운동은 다이어트에 정말 좋아요.
당연한 말이지만 일찍 잠자리에 들어야 아침에 일찍
일어날 수 있어요. 다이어트 할 때만큼은 일찍
잠자리에 들어 최소 6시간 이상 숙면하고 피로를 풀어
감량이 잘되는 몸을 만들어주세요. 특히 호르몬 분비량
이 높은 새벽 2~3시에 깊은 수면에 빠질 수 있도록
밤 12시 이전에 잠자리에 들어요. 다음 날 아침에 입을
운동복은 침대 곁에, 수면을 방해하는 핸드폰은
침대와 멀리 두세요. 아침에 알람이 울리면
오뚝이처럼 단번에 일어나 알람을 끄고 곧장 운동복을 입고 운동을 시작하세요.
고민할 틈도 없이 기계처럼 일어나서 운동하길 며칠 반복하면 적응할 수 있을 거예요.
단, 아침운동으로 피로가 쌓이면 몸에 잘 맞지 않는 것이니 굳이 아침운동을 고집하지 말아요.

PART 1

원팬

팬 하나로 요리해서 그대로 먹는 쉽고 간편한 요리를 소개해요.
이 레시피의 장점은 셀 수 없이 많은데
첫째, 설거지가 적고 둘째, 재료를 가위로 쓱쓱 잘라 간편하고
셋째, 밥, 국물, 양식, 동남아음식까지 다양하다는 것!
한번이라도 만들어보면 사랑에 빠질 이유가 충분해요.
팬이 크면 한 끼 분량을 만들 때 불 조절이 쉽지 않으니
원팬 요리를 할 때는 1~2인용 팬이나 냄비를 추천해요.
완성 후 팬 그대로 식탁에 두고 먹을 수도 있어 작은 크기가 간편해요.
단백질 재료로 든든하게, 살 빠지는 재료들로 맛있게 만들었으니
여러분 입맛에 꼭 맞을 거예요.

참치양배추볶음밥 #후라이팬밥

요리를 귀찮아하는 분이라면 이 레시피부터 시작하세요.

조리 시간도 짧고 설거지도 적게 나오는 데다 이미 SNS에서 많은 분들에게 맛을 인정받은 메뉴예요.

밥 양을 줄이는 대신 양배추로 포만감을 채우고, 참치와 달걀로 단백질을 보충한 볶음밥으로 요리가 쉬워질 거예요.

- □ 현미밥 60g
- □ 참치통조림 1개(85g)
- □ 양배추 120g
- □ 청양고추 2개
- □ 달걀 1개
- □ 토마토소스 1큰술
- □ 피자치즈 15g
- □ 크러쉬드레드페퍼 약간
- □ 후춧가루 약간
- □ 올리브유 2/3큰술

1 양배추, 청양고추는 가위로 한입 크기로 자른다.

2 참치는 숟가락으로 눌러가며 기름을 쫙 빼서 버린다.

3 달군 팬에 올리브유를 두르고 양배추, 청양고추를 볶다가 현미밥, 참치를 넣고 볶는다.

4 토마토소스를 넣어 섞고 가운데 부분에 홈을 파서 올리브유 약간을 두른 다음, 달걀을 깨 올린다.

5 피자치즈를 빙 둘러가며 뿌리고 뚜껑을 닫아 약불에서 익힌다.

6 크러쉬드레드페퍼, 후춧가루를 뿌린다.

냉장고털이된장죽 #냉털된찌죽

한국 된장은 다이어트 할 때도 부담 없이 먹을 수 있는 건강한 재료라는 사실, 알고 계시나요?
약간의 된장에 채소, 단백질 식품, 탄수화물 재료 등을 넣고 너무 짜지 않게 조리하면
다른 양념이 필요 없으니까 요리가 한결 쉬워져요.
다양한 재료로 만든 따끈한 영양죽 한 그릇으로 온기를 느껴보세요.

□ 칵테일새우 85g
□ 오트밀(퀵오트) 25g
□ 애호박 1/3개(100g)
□ 양파 1/4개(50g)
□ 청양고추 2개
□ 된장 1/2큰술
□ 청양고춧가루 1/3큰술
□ 햄프시드 약간
□ 물 1⅓컵

냉장고에 있는 다양한 채소를 활용해요.

1 애호박, 양파, 고추는
   한입 크기로 썰어 냄비에 넣는다.

오트밀 대신 현미밥 80g을 넣어도 돼요.

2 물을 붓고 끓이다가 호박이 살짝
   익으면 새우, 오트밀을 넣고
   눌어붙지 않게 저어가며 끓인다.

3 된장을 넣고 풀어가며 끓인다.

청양고춧가루는 기호에 맞게 양을 조절하고, 매운 걸 못 먹으면 일반 고춧가루를 사용해요.

4 청양고춧가루, 햄프시드를 뿌린다.

스리라차크림리소토

이탈리아 레스토랑에서 먹는 꾸덕꾸덕한 크림 맛의 리소토를
집에서 다이어트 메뉴로 즐길 수 있어요. 다양한 채소와
탱글탱글한 새우, 저지방우유만 있으면 죄책감 없는 리소토 완성!
이 요리의 키포인트인 매콤한 스리라차소스와 청양고추도 꼭 넣어서 요리하세요.

Ready

- ☐ 현미밥 100g
- ☐ 냉동새우 5마리(90g)
- ☐ 양파 1/4개(50g)
- ☐ 브로콜리 40g
- ☐ 청양고추 1개
- ☐ 저지방우유 2/3컵
- ☐ 스리라차소스 2/3큰술
- ☐ 피자치즈 15g
- ☐ 파슬리가루 약간
- ☐ 올리브유 2/3큰술

1 양파, 브로콜리, 청양고추는 먹기 좋은 크기로 잘게 썬다.

2 팬에 올리브유를 두르고 양파, 브로콜리, 청양고추를 충분히 볶다가 새우를 넣어 볶는다.

3 현미밥, 우유를 넣고 저어가며 끓인다.

4 국물이 어느 정도 졸아들면 스리라차소스, 피자치즈, 파슬리가루를 넣고 섞는다.

참치토마토국물파스타

자, 냉장고에 있는 채소와 찬장에 잠들어 있던 참치를 꺼내주세요.

먹다 남은 통밀파스타와 토마토소스도 준비해요.

냄비 하나에 모든 재료를 넣고 바글바글 끓이면 어느새 요리가 끝났어요.

참치찌개처럼 속이 풀리는 냉장고털이 국물파스타, 진심으로 추천합니다.

□ 통밀푸실리 30g
□ 참치통조림(85g)
□ 셀러리 12cm(50g)
□ 토마토 1/4개 50g
□ 새송이버섯 1/2개
□ 양파 1/4개(45g)
□ 블랙올리브 2개
□ 토마토소스 2큰술
□ 물 1½컵
□ 크러쉬드레드페퍼 약간
□ 올리브유 2/3큰술

1 참치는 숟가락으로 눌러가며 기름을 쫙 빼서 버린다.

가위를 사용하면 편리해요.

2 셀러리, 토마토, 버섯, 양파, 올리브는 작은 한입 크기로 썰어 냄비에 넣는다.

3 냄비에 올리브유를 두르고 볶다가 참치를 넣어 볶는다.

4 토마토소스, 물을 넣고 끓이다가 푸실리를 넣어 8분간 끓인다.

5 크러쉬드레드페퍼를 뿌린다.

스크램블드멸치볶음밥

바삭바삭한 멸치볶음밥과 부드러운 스크램블드에그의 조화가 끝내주는 볶음밥이에요.
멸치의 짭짤함 덕분에 다른 소스를 넣지 않아도 정말 맛있어요.
달걀과 함께 먹으면 짠맛과 담백한 맛이 조화롭게 어우러져 두 가지 요리를 먹는 것 같아요.

Ready

- ☐ 현미밥 100g
- ☐ 달걀 2개
- ☐ 볶음용멸치 15g
- ☐ 아몬드 10개
- ☐ 청양고추 1개
- ☐ 브로콜리 50g
- ☐ 꿀 1/3큰술
- ☐ 검은깨 약간
- ☐ 올리브유 2/3큰술

1 달군 팬에 올리브유 1/3큰술을 두르고 멸치, 아몬드, 꿀을 넣어 볶는다.

2 불을 잠시 끄고 가위로 청양고추, 브로콜리를 작은 한입 크기로 잘라 넣는다.

3 현미밥을 넣고 중불에서 볶다가 볶음밥을 팬 한편에 몰아넣는다.

4 팬의 빈 곳에 올리브유 1/3큰술을 두르고, 약불에서 달걀을 깨 넣어 젓가락으로 빠르게 휘저어가며 스크램블드에그를 만든다.

5 검은깨를 뿌린다

다이어트콩불

다이어트를 할 때 외식 메뉴로 콩나물불고기(콩불)를 자주 선택했어요.

매운맛이 스트레스를 날려주고 탄수화물보다 고기, 콩나물 등을 맘껏 먹을 수 있어 포만감이 좋았거든요.

집에서 만들 때는 지방이 적은 돼지고기를 사용하고, 나트륨을 줄여서 완벽한 건강 메뉴로 완성해요.

Ready

- 대패목살 100g
- 콩나물 150g
- 대파 15cm(75g)
- 청양고추 2개
- 느타리버섯 45g
- 청양고춧가루 2/3큰술
- 다진 마늘 1큰술
- 간장 1큰술
- 알룰로스 1큰술
  (혹은 올리고당 1/2큰술)
- 참깨 약간
- 물 1/2컵

1   콩나물은 물기를 털어 팬에
    넣는다.

2   대파, 청양고추, 버섯은
    먹기 좋게 가위로 잘라 넣는다.

3   목살을 펼쳐 올리고 고춧가루,
    마늘, 간장, 알룰로스를 섞어서
    고루 뿌린다.

4   물을 넣고 뚜껑을 덮어 5분 정도
    익히다가 양념이 잘 배도록
    섞어가며 볶는다.

5   목살이 다 익으면 불을 끄고
    참깨를 뿌린다.

곤약팟타이 #원팬곤약팟타이

태국음식 팟타이를 원팬으로 재빨리 만들어볼까요?

곤약면으로 칼로리 부담을 줄이고 다양한 채소와 옥수수로 톡톡 터지는 식감을 더했어요.

여기에 멸치액젓 한 방울이면 방콕에서 먹던 감칠맛 폭발하는 곤약팟타이 완성!

오늘 점심은 고민 없이 팟타이와 함께해요.

Ready

- ☐ 곤약우동면 100g
- ☐ 달걀 2개
- ☐ 유기농옥수수통조림 2큰술
- ☐ 양파 1/5개(30g)
- ☐ 파프리카 1/3개(40g)
- ☐ 청양고추 1개
- ☐ 팽이버섯 1/3봉(50g)
- ☐ 고운 고춧가루 1/3큰술
- ☐ 굴소스 1/2큰술
- ☐ 멸치액젓 1/3큰술
- ☐ 꿀 1/3큰술
- ☐ 후춧가루 약간
- ☐ 코코넛오일 2/3큰술
  (혹은 올리브유)

곤약 특유의 향은
볶거나 끓이는 등 열을 가하면
대부분 사라져요.

1 양파, 파프리카는 한입 크기로,
   청양고추는 잘게 썰고, 버섯은
   밑동을 제거해 가닥가닥 찢는다.

2 곤약우동면은 비닐째로 흐르는
   물에 여러 번 헹궈 물기를 뺀다.

3 팬에 코코넛오일을 두르고
   채소를 볶는다.

4 곤약면, 옥수수를 넣고 달걀을
   깨 넣어 빠르게 저어가며 볶는다.

5 고운 고춧가루, 굴소스, 액젓,
   꿀을 넣고 잘 섞어 후춧가루를
   뿌린다.

오트밀게맛살미역죽 #오트크래미역죽

미역과 오트밀은 보관도 용이하고 오래 두고 먹을 수 있어서 좋은 반면,
한 번 살 때 양이 많아서 언제 다 먹을까 걱정스럽기도 해요.
그래서 오트밀과 미역을 함께 넣어 간단하고 맛있는 죽을 만들었어요.
미역과 게맛살 덕분에 따로 간하지 않아도 싱겁지 않고 감칠맛도 좋아요.

- □ 건미역 5g
- □ 게맛살 2개
- □ 청양고추 1개
- □ 오트밀(퀵오트) 30g
- □ 달걀 1개
- □ 들기름 1큰술
- □ 햄프시드 1/2큰술
- □ 물 2컵

1 건미역은 흐르는 물에 헹구고, 게맛살은 비닐째 비벼 결대로 찢는다.

2 미역, 고추는 가위로 잘게 잘라 냄비에 넣는다.

3 오트밀, 물을 넣고 미역, 오트밀이 불 때까지 중간중간 저어가며 끓인다.

4 게맛살을 넣고 달걀을 깨 넣어 달걀이 익을 때까지 저어가며 끓인다.

5 불을 끄고 들기름, 햄프시드를 뿌린다.

참치밥전

  아침 점심

본격적인 볶음밥보다 고기나 닭갈비 등을 먹고 난 다음, 남은 양념에 눌어붙게 볶은 밥이 더 맛있지 않나요?
그 느낌을 그대로 살려 재료를 팬에 넣고 주걱으로 마구 눌러 볶아 불 향이 살짝 맴도는 밥전을 만들었어요.
스리라차소스를 곁들여 매콤하게 드세요.

Ready

☐ 참치통조림 1개(85g)
☐ 현미밥 80g
☐ 달걀 1개
☐ 청양고추 1개
☐ 파프리카 1/4개(40g)
☐ 깻잎 5장
☐ 스리라차소스 1큰술
☐ 올리브유 1/2큰술

1 참치는 순가락으로 눌러가며 기름을 쫙 빼서 버린다.

2 팬에 올리브유를 두르고 달궈지면 불을 끈다.

가위를 사용하면 편리해요.

3 현미밥, 참치를 넣고 청양고추, 파프리카, 깻잎을 잘라 넣는다.

4 강불에서 달걀을 깨 올려 섞은 다음, 주걱으로 꾹꾹 눌러가며 평평하게 만든다.

5 밑면이 익으면 주걱으로 4~6등분해 뒤집고 다시 꾹꾹 눌러가며 익힌다.

6 스리라차소스를 뿌린다.

소고기뭇국오트밀죽

소고기뭇국오트밀죽은 어릴 적 엄마가 많이 해줬던 소고기뭇국의 추억이 깃든 맛이에요.

작은 냄비에 소고기와 무를 푹 끓이다가 오트밀을 넣어서 익히면 소고기뭇국보다 맛있는 죽이 완성돼요.

시원하고 담백한 맛에 속까지 따뜻해져서 자꾸 생각날 거예요.

□ 오트밀(퀵오트) 25g
□ 소고기 사태 90g
□ 무 150g
□ 대파 7cm(30g)
□ 들기름 1큰술
□ 다진 마늘 1큰술
□ 간장 1큰술
□ 물 1½컵
□ 참깨 약간

1 무는 한입 크기로, 대파는 동그란
   모양을 살려 썰고, 소고기는
   키친타월로 핏물을 제거하고
   한입 크기로 썬다.

2 달군 팬에 들기름 1/2큰술을
   두르고 소고기, 마늘을 볶다가
   무, 대파를 넣고 볶는다.

3 물을 붓고 무가 반투명해질 때까
   지 끓이다가 오트밀을 넣고
   눌어붙지 않게 저어가며 끓인다.

4 간장, 들기름 1/2큰술을 넣고
   빠르게 섞은 다음, 불을 끄고
   참깨를 뿌린다.

크림연어스테이크

오랜 다이어트로 닭가슴살을 많이 먹었더니 가끔은 물리는 날도 있어요.

그럴 땐 조금 비싸지만 생연어를 사서 요리하세요.

부드러운 연어에 저지방우유와 피자치즈를 넣어 조리하면 레스토랑에서 먹는 크림연어스테이크를 만들 수 있어요.

가끔은 열심히 다이어트 하는 나에게 특별식을 선물하세요.

☐ 생연어(스테이크용) 150g
☐ 청양고추 1개
☐ 냉동채소믹스 100g
☐ 저지방우유 1컵
☐ 허브솔트 1/5큰술
☐ 피자치즈 20g
☐ 후춧가루 약간
☐ 올리브유 1/2큰술

1 달군 팬에 올리브유를 두르고
   생연어를 겉면만 익도록 앞뒤로
   살짝 굽는다.

가위를 사용하면
편리해요.

2 청양고추를 작게 썰어 넣는다.

3 채소믹스, 우유, 허브솔트를
   넣고 연어에 우유를 숟가락으로
   끼얹어가며 국물이 잘 배도록
   끓인다.

4 치즈를 넣고 치즈가 녹을 때까지
   끓이다가 후춧가루를 뿌린다.

순두부찌개맛오트밀 #순찌맛오트밀

얼큰하고 칼칼한 음식은 왜 자꾸만 먹고 싶을까요?

특히 스트레스를 받은 날이면 더 생각나요. 그럴 땐 얼큰한 순두부찌개 같은 순찌맛오트밀을 만들어요.

따끈하고 얼큰한 맛이 자극적인 음식에 대한 욕망을 채워주고, 춥거나 몸이 허한 날에도 딱 좋아요.

Ready

- 생닭안심 75g
- 오트밀(퀵오트) 15g
- 순두부 100g
- 양파 1/4개(60g)
- 배추김치 40g
- 새송이버섯 1/2개
- 토마토소스 1½큰술
- 크러쉬드레드페퍼 약간
- 물 1½컵
- 올리브유 1/3큰술

1 양파, 김치, 버섯, 닭안심은
한입 크기로 썬다.

2 냄비에 올리브유를 두르고 양파가
갈색 빛이 날 때까지 볶는다.

3 오트밀, 순두부, 토마토소스,
물을 넣고 오트밀이 불 때까지
중간중간 저어가며 3~5분 정도
끓인다.

4 크러쉬드레드페퍼를 뿌린다.

떠먹는양배추피자

양배추피자라는 이름이 맛있게 느껴지진 않겠지만

만약 이 요리를 그냥 넘기는 다이어터가 있다면 두고두고 후회할 거예요.

팬에서 눌러 구워진 오트밀 도우의 쫀득함, 채 썬 양배추의 아삭함이 진짜 맛있거든요.

순식간에 팬을 비우게 될지도 모르니 주의하세요!

Ready

- □ 오트밀(퀵오트) 20g
- □ 달걀 1개
- □ 유기농옥수수통조림 1큰술
- □ 양배추 100g
- □ 목살베이컨 1/2장(12g)
- □ 피망 1/5개(15g)
- □ 블랙올리브 2개
- □ 토마토소스 1½큰술
- □ 피자치즈 20g
- □ 파슬리가루 약간
- □ 크러쉬드레드페퍼 약간
- □ 물 1/3컵

1 양배추는 채 썰어 팬에 넣고 오트밀, 물을 넣고 잘 섞는다.

2 약불에서 양배추를 눌러가며 평평하게 만들고 토마토소스를 펴 바른다.

⌐ Mini's Tip ⌐

옥수수는 마트에서 파는 일반 제품을 사용해도 되지만, 저는 유전자 조작을 하지 않은 옥수수에 설탕이나 방부제를 첨가하지 않은 유기농옥수수 통조림을 사용해요. 값은 조금 비싸지만 옥수수는 대개 토핑으로 적은 양을 사용하니 한 번 사두면 다양한 요리를 건강하게 만들 수 있어요.

3 가운데 부분에 살짝 홈을 파서 피자치즈 10g을 올리고 베이컨, 피망, 올리브는 가위로 잘라 옥수수와 함께 토핑한다.

4 가운데 홈에 달걀을 깨 올리고, 나머지 피자치즈를 뿌린다.

5 뚜껑을 닫고 약불에서 치즈가 녹을 때까지 익혀 파슬리가루, 크러쉬드레드페퍼를 뿌린다.

페스토마요파스타

  저녁

식물성마요네즈로 콜레스테롤을 낮춘 퓨전 파스타를 만들어볼 거예요.
치즈를 넣어 꾸덕꾸덕하게, 바질페스토로 감칠맛 나게,
매운맛 채소 3총사 청양고추, 양파, 마늘로 향기롭게, 여기에 낫토를 섞어 건강하게!
재미난 조합의 재료가 조화롭게 어울려 맛이 비는 곳 하나 없이 쫀쫀해요.

Ready

- ☐ 생닭가슴살 90g
- ☐ 라이트누들 1/2봉(75g)
  (혹은 곤약면)
- ☐ 낫토 1팩
- ☐ 청양고추 1개
- ☐ 양파 1/2개(100g)
- ☐ 마늘 4개
- ☐ 식물성마요네즈 1큰술
- ☐ 바질페스토 2/3큰술
- ☐ 올리브유 1/2큰술
- ☐ 파슬리가루 약간

1 낫토는 젓가락으로 휘저어
잘 섞는다.

2 고추, 양파, 마늘, 생닭가슴살은
한입 크기로 썰어 팬에 넣는다.

Σ Mini's Tip Σ

병아리콩 분말을 함유한 풀무
원 라이트누들은 열을 가하지
않아도 곤약 특유의 향이 나
지 않고 씹는 식감도 일반 곤
약면보다 부드러워요. 저는
주로 마켓컬리에서 구입해요.

3 팬에 올리브유를 두르고 닭고기,
채소가 익을 때까지 볶는다.

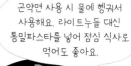

곤약면 사용 시 물에 헹궈서
사용해요. 라이트누들 대신
통밀파스타를 넣어 점심 식사로
먹어도 좋아요.

4 누들, 식물성마요네즈,
바질페스토를 넣어 볶는다.

5 낫토를 올리고 파슬리가루를
뿌린다.

PART 2

전자레인지
&에어프라이어

다이어트 할 때 최대의 방해꾼은 바로 귀찮음!
그래서 전자레인지와 에어프라이어는 다이어터에게 매우 고마운 조리도구예요.
재료를 넣고 가열하면 되니 수고로움을 덜고 불 앞에 서 있는 시간을 줄여줘요.
특히 바쁘다는 핑계로 거를 수 있는 아침 식사를 3~5분 만에 준비할 수 있어서
바쁜 학생과 직장인에게 요긴해요. 또 계속 저어가며 만들어야 하는 죽,
출출할 때 먹을 수 있는 빵과 쿠키 등 간식까지 만들 수 있어서
저에게는 더 이상 없어서는 안 될 아이템이 되었죠. 에어프라이어가 없더라도
전자레인지나 팬으로 대체하는 조리법을 추가했으니 다양한 방법으로 요리해요.

다이어트양념치킨 #데데닭강정

 아침 점심 저녁

다이어트 중에 양념치킨이 생각난다면 이제 직접 만들어 먹어요.

시중에는 맛있는 소스와 함께 가공된 닭가슴살이 많이 나와 있지만

바삭하게 튀긴 닭껍질의 식감까지 재연하지 못해 아쉬웠어요.

그래서 현미라이스페이퍼로 파삭한 튀김의 느낌을 재연하고 닭가슴살로 조금 더 건강하게 요리했어요.

매콤하고 짭짤한 소스 덕분에 양념치킨의 욕구를 완벽하게 채워주는 똑똑한 레시피랍니다.

Ready

- ☐ 생닭가슴살 100g
- ☐ 현미라이스페이퍼 4장
- ☐ 파채 45g
- ☐ 올리브유 스프레이 약간

양념치킨소스
- ☐ 청양고춧가루 1/3큰술
- ☐ 스리라차소스 1/2큰술
- ☐ 케첩 1큰술
- ☐ 알룰로스 1큰술
  (혹은 올리고당)
- ☐ 으깬 땅콩 5~6개(5g)

마늘간장소스
- ☐ 다진 마늘 1/2큰술
- ☐ 간장 1큰술
- ☐ 알룰로스 2큰술
  (혹은 올리고당)
- ☐ 으깬 땅콩 5~6개(5g)

1 닭가슴살은 한입 크기로 썰고, 라이스페이퍼는 가위로 2등분한다.

2 라이스페이퍼는 따뜻한 물에 담 갔다 바로 빼서 도마나 접시 위에 펼친다.

3 라이스페이퍼에 닭가슴살 한 조각을 올려 돌돌 만다.

달군 팬에 올리브유를 두르고 중불에서 앞뒤로 노릇하게 구워도 좋아요. 이땐 라이스페이퍼가 탈 수 있으니 완조리닭가슴살이나 미리 삶아둔 닭가슴살을 쓰는 게 좋아요.

4 에어프라이어에 닭가슴살을 넣고 올리브유 스프레이를 2~3번 뿌린 다음, 180℃에서 10분, 뒤집어 10분간 굽는다.

으깬 땅콩은 토핑을 위해 조금 남겨요.

5 양념치킨소스, 마늘간장소스 재료를 각각 섞어 두 가지 소스를 만든다.

취향에 따라 소스에 버무리거나 찍어 먹어요. 취향에 따라 새우나 돼지 고기, 다진 재료 등을 활용해도 좋아요.

6 그릇에 파채를 깔고 구운 치킨을 두 가지 소스에 절반씩 버무려 올린 다음, 으깬 땅콩을 뿌린다.

인절미맛콩트밀

바나나를 으깨고 콩가루와 오트밀을 섞어 전자레인지에 가열하면 인절미맛콩트밀이 완성돼요.

바나나로 달콤하게, 콩가루로 고소하게, 우유와 오트밀의 만남으로 쫀득하게! 진짜 인절미를 먹는 것 같아요.

콩가루는 꼭 볶은 것이 아니라도 괜찮아요. 흑임자가루, 녹차가루, 카카오가루 등으로 새로운 콩트밀을 만들어보세요.

□ 오트밀(퀵오트) 30g
□ 카카오닙스 1/2큰술
□ 볶은콩가루 2큰술
□ 바나나 1개
□ 아몬드 7개
□ 블루베리 7개
□ 저지방우유 2/3컵

1 바나나 1/2개는 동그란 모양을
살려 썰고, 나머지는 내열용기에
담아 포크로 으깬다.

카카오닙스, 콩가루는
토핑을 위해 조금 남겨요.

2 내열용기에 오트밀, 카카오닙스,
우유, 콩가루를 섞어 전자레인지로
1분 30초간 가열한다.

애플민트 등 허브를
함께 토핑하면 보기에도
좋고 사진도 예쁘게
나와요.

3 오트밀에 콩가루를 약간 뿌리고
바나나, 아몬드, 블루베리,
카카오닙스를 토핑한다.

가지순두부그라탱

순두부와 가지의 조합이 신선하죠? 게다가 토마토소스와 치즈를 함께 넣고 그라탱을 만들면 얼마나 맛있게요?

재료를 모두 넣어 비비고 전자레인지로 쓱 돌리면 완성되는 간단한 방법이지만, 수고에 비해 맛은 정말 좋아요.

고춧가루와 크러쉬드레드페퍼의 매콤함 덕분에 물리지 않게 먹을 수 있어요.

Ready

- □ 가지 1/3개
- □ 토마토 1/2개(100g)
- □ 양파 1/4개(50g)
- □ 오트밀(퀵오트) 20g
- □ 달걀 1개
- □ 순두부 50g
- □ 토마토소스 1큰술
- □ 고춧가루 1/3큰술
- □ 피자치즈 15g
- □ 크러쉬드레드페퍼 약간
- □ 파슬리가루 약간

1   가지, 토마토, 양파는 굵게 다진다.

2   내열용기에 가지, 토마토, 양파,
    오트밀, 달걀, 순두부, 토마토소스,
    고춧가루를 넣고 잘 섞는다.

3   피자치즈를 골고루 올리고
    전자레인지로 4분간 가열한다.

4   크러쉬드레드페퍼, 파슬리가루를
    뿌린다.

청양파토스트

청양고추와 양파, 깻잎. 우리에게 익숙한 이 세 가지 채소는
각 재료가 가진 맛과 향이 고유해서 자기주장이 확실한 편이에요.
이렇게 알싸하고 독특한 재료를 모두 섞어 토스트에 얹다니 의아하죠?
하지만 먹어보면 한국인 입맛에 꼭 맞아서 아마 깜짝 놀랄걸요?
그럼 미리 놀랄 준비하고 초간단 토스트를 만들어 즐겨보세요.

- ☐ 통밀식빵 1장
- ☐ 청양고추 1개
- ☐ 양파 1/2개(80g)
- ☐ 깻잎 3장
- ☐ 달걀 1개
- ☐ 피자치즈 10g
- ☐ 식물성마요네즈 1큰술
- ☐ 스리라차소스 1/2큰술
- ☐ 파슬리가루 약간

1   청양고추, 양파는 칼이나
    채소다지기로 곱게 다진 다음,
    깻잎을 넣어 한번 더 다진다.

2   다진 채소, 스리라차소스,
    마요네즈를 잘 섞어 스프레드를
    만든다.

3   식빵 위에 스프레드를 바른다.

4   가운데 부분에 살짝 홈을 파서
    달걀을 깨 올린다.

전자레인지 사용 시
노른자를 포크로 찔러
3분 30초 정도
가열해요.

5   에어프라이어 180℃에서 8분,
    치즈를 올려 7분간 더 굽고
    파슬리가루를 뿌린다.

단짠컵빵

전자레인지로 후딱 만드는 단짠컵빵을 소개해요.

건강하고 맛있는 재료들 덕분에 만드는 동안 집에서 빵집의 소시지빵 냄새가 진동해요.

포만감도 최고, 영양도 듬뿍, 먹을수록 매력적인 맛까지 어느 하나 놓치지 않은 단짠컵빵.

앞으로 자주 만들어 먹게 될 거예요.

□ 뮤즐리 40g
　　(혹은 오트밀&건과일&견과류)
□ 목살베이컨 1장(25g)
□ 양파 1/6개(20g)
□ 할라페뇨 15g
□ 달걀 2개
□ 저지방우유 2큰술
□ 피자치즈 15g
□ 파슬리가루 약간
□ 크러쉬드레드페퍼 약간

1 베이컨, 양파, 할라페뇨는 굵게 다진다.

베이컨, 할라페뇨는 토핑을 위해 몇 조각 남겨요.

2 머그컵에 뮤즐리, 베이컨, 양파, 달걀 1개, 우유를 넣고 섞는다.

노른자가 터지지 않도록 포크로 찔러주세요. 에어프라이어 사용 시 머그컵에 올리브유를 바르고 170℃에서 18분간 구워요.

3 달걀 1개를 깨 올리고 토핑용 베이컨, 할라페뇨, 피자치즈를 올리고 전자레인지로 2분 30초간 가열한다.

컵째 숟가락으로 떠먹어도 좋아요.

4 컵에서 빵을 꺼내 접시에 담고 파슬리가루, 크러쉬드레드페퍼를 뿌린다.

황태오트밀죽

아침 점심

말린 황태채는 숙취 해소에 좋을 뿐만 아니라 적은 양으로도
단백질을 많이 섭취할 수 있는 고단백 식품이에요.
그래서 다이어트 식단을 꾸릴 때도 여기저기 활용하기 좋아요.
음식에 별다른 간을 하지 않아도 황태채 본연의 짭짤한 맛이 어우러져
담백하고 든든한 한 끼를 만들 수 있어요.

- ☐ 오트밀(퀵오트) 25g
- ☐ 달걀 1개
- ☐ 양파 1/4개(60g)
- ☐ 황태채 10g
- ☐ 냉동채소믹스 2줌(50g)
- ☐ 무가당두유 1컵
- ☐ 피자치즈 15g
- ☐ 파슬리가루 약간

1 양파는 굵게 깍둑 썰고, 황태채는 가위로 먹기 좋게 자른다.

2 내열용기에 오트밀, 달걀, 양파, 황태채, 채소믹스, 두유를 넣고 잘 섞는다.

⊑ Mini's Tip ⊒

냉동채소믹스는 여기저기 다양한 요리에 쓸모가 많아요. 미리 사서 냉동실에 보관하면 재료가 없을 때도 유용하고, 재료 손질이 필요 없어 조리 시간을 단축해줘요. 대형마트나 온라인몰에서 '냉동채소믹스'를 찾아보면 다양한 브랜드의 제품을 만날 수 있어요.

두유의 온도, 전자레인지의 전력 소비량에 따라 가열 시간에 조금씩 차이가 있어요.

3 피자치즈를 골고루 올리고 전자레인지로 3분간 가열해 파슬리가루를 뿌린다.

피자맛밤호박에그슬럿

구황작물을 사랑하는 다이어터에게 유명한 레시피죠?

고구마나 밤호박(혹은 단호박), 치즈, 달걀로 맛과 영양을 챙긴 에그슬럿!

이 재료만으로도 맛있지만 우리는 조금 더 특별하게 만들어 먹을 거예요.

상큼한 토마토소스와 양파, 올리브를 넣어서 맛의 신세계를 경험하게 해줄 밤호박에그슬럿을 소개해요.

Σ Mini's Tip Σ

밤호박은 제철인 5~9월에 가장 맛이 좋아요. 크기가 조금 더 큰 단호박으로 요리할 땐 달걀과 소스 양을 추가해 2~3회에 나눠서 드세요.

밤호박을 전자레인지로 살짝 익히면 손질하기 쉬워요. 호박 크기에 따라 가열 시간을 조절해요.

1 밤호박은 통째로 전자레인지에 1분 30초간 가열하고, 뚜껑으로 쓸 윗부분을 잘라 숟가락으로 속을 파낸다.

2 양파는 다지고, 올리브는 모양을 살려 썬다.

3 밤호박 안에 토마토소스, 양파, 올리브를 넣는다.

4 달걀을 깨 넣고 치즈를 뿌린다.

전자레인지 사용 시 노른자를 포크로 찔러 3분 30초 정도 가열해요.

5 잘라낸 밤호박 뚜껑을 닫고 에어프라이어 160℃에서 10분, 뚜껑을 열고 180℃에서 10분간 가열한다.

6 파슬리가루를 뿌린다.

단탄지 파이 (2회 분량)

  아침 점심 저녁 간식

'천원숍'에서 구입한 저렴한 파이틀로 영양이 듬뿍 든 파이를 만들었어요.

여러 가지 재료를 넣었더니 각 재료의 맛이 어우러져 별다른 소스가 없어도 맛이 좋아요.

한입 크기로 잘라 놓으면 바쁜 아침에 재빨리 먹을 수 있고, 운동 전에 간식이나 저녁으로도 편리해요.

Ready

- ☐ 달걀 3개
- ☐ 생닭안심 150g
- ☐ 단호박 70g
- ☐ 방울토마토 4개
- ☐ 청양고추 1개
- ☐ 블랙올리브 2개
- ☐ 냉동채소믹스 50g
- ☐ 피자치즈 20g
- ☐ 올리브유 스프레이 약간

1 방울토마토는 4등분하고, 고추는 잘게 썰고, 올리브는 동그란 모양을 살려 썬다.

2 닭안심, 호박은 한입 크기로 썰고, 달걀은 잘 풀어 달걀물을 만든다.

3 파이틀에 올리브유를 바른다.

4 파이틀에 달걀물 절반을 붓고 토마토, 고추, 올리브, 닭안심, 호박, 채소믹스를 골고루 올린 다음, 나머지 달걀물을 붓는다.

> 가스레인지 사용 시 팬에 재료를 넣고 약불에서 뚜껑을 덮어 달걀이 속까지 익을 때까지 가열해요.

5 올리브유 스프레이를 뿌려 에어프라이어 180℃에서 15분간 굽고, 피자치즈를 골고루 올려 5분간 더 굽는다.

6 한 김 식히고 4등분 해서 2회에 나눠 먹는다.

청포도새우토스트

저는 평소에 단백질 식품과 과일을 조합한 요리를 즐겨 만들어요.

몸에 꼭 필요한 단백질과 새콤달콤하고 신선한 과일을 함께 먹으면 맛의 밸런스가 정말 좋거든요.

그래서 새우와 청포도의 재밌는 조합으로 만들어 본 토스트예요.

무염버터에 살짝 구운 새우가 탱글탱글하게 씹히면

청포도의 상큼함이 톡 터지고 바질페스토의 향긋함이 입안을 가득 채워요.

Ready

- ☐ 새우 6마리(82g)
- ☐ 통밀식빵 1장
- ☐ 양파 1/6개(30g)
- ☐ 청포도(샤인머스캣) 5개
- ☐ 블랙올리브 3개
- ☐ 무염버터 5g
- ☐ 바질페스토 1/3큰술
- ☐ 피자치즈 20g
- ☐ 옐로머스터드 약간
- ☐ 파슬리가루 약간

1 양파는 채 썰고, 포도는 2등분하고, 올리브는 동그란 모양을 살려 썬다.

2 달군 팬에 무염버터를 녹이고 새우를 겉만 살짝 익도록 굽는다.

> 채 썬 채소에 소스를 섞으면 적은 양의 소스로도 맛을 낼 수 있어요.

3 양파, 바질페스토를 잘 섞어 식빵에 얇게 올린다.

4 올리브, 새우, 치즈를 올리고 에어프라이어 180℃에서 7분간 굽는다.

5 청포도를 올리고 옐로머스터드, 파슬리가루를 뿌린다.

고단백카레빵

 아침 점심 간식

쫄깃한 식감에 건강하고 든든하기까지, 식사 대용 다이어트 빵으로 이만한 게 없어요.

마트에서 쉽게 구할 수 있는 재료로 간단하게 만든 빵인데,

베이커리에서 산 것처럼 향긋하고 쫄깃해서 정말 만족스러워요.

밥 대신 먹을 때는 2~3개, 간식으로는 1개씩만 드세요!

☐ 오트밀(퀵오트) 50g
☐ 생닭가슴살 1개(140g)
☐ 달걀 3개
☐ 양파 1/4개(60g)
☐ 당근 1/4개(60g)
☐ 깻잎 4장
☐ 청양고추 2개
☐ 유기농옥수수통조림 2큰술
☐ 카레가루 2큰술
☐ 훈제파프리카가루 1/2큰술
☐ 허브솔트 1/3큰술
☐ 피자치즈 40g
☐ 올리브유 1/2큰술

1 오트밀은 믹서로 곱게 간다.

채소다지기를 사용하면 편리해요.

2 양파, 당근, 깻잎, 청양고추, 닭가슴살은 잘게 다진다.

3 다진 재료에 오트밀, 달걀, 옥수수, 카레가루, 파프리카가루, 허브솔트, 피자치즈 20g을 섞어 반죽을 만든다.

4 실리콘틀에 올리브유를 바르고 반죽을 담는다.

전자레인지 사용 시 3분간 가열해요. 그릇에 물을 담고 함께 가열하면 수분을 머금어 촉촉한 빵을 만들 수 있어요.

5 에어프라이어 160℃에서 15분, 남은 치즈를 뿌려 5분간 더 가열하고 한 김 식힌다.

훈제팽이버섯피자

값싸고 건강한 재료 팽이버섯은 다양한 요리에 쓸모가 많아요.

저는 팽이버섯을 피자도우 대신 활용하기도 하는데

에어프라이어로 수분을 날려 바삭해진 팽이버섯이 먹는 내내 즐거움을 줘요.

여기에 닭가슴살햄과 다양한 채소를 올리고 훈제파프리카가루를 뿌려

훈제 향까지 더한 저탄수화물 피자를 즐겨보세요.

- ☐ 팽이버섯 150g
- ☐ 닭가슴살햄 50g
- ☐ 빨간파프리카 1/4개(30g)
- ☐ 노란파프리카 1/4개(30g)
- ☐ 블랙올리브 2개
- ☐ 양파 1/4개(40g)
- ☐ 토마토소스 1큰술
- ☐ 피자치즈 20g
- ☐ 훈제파프리카가루 약간

1 파프리카, 올리브는 동그랗고 얇게 썰고, 양파는 얇게 채 썬다.

2 버섯은 밑동을 제거해 가닥가닥 뜯고, 닭가슴살햄은 끓는 물에 데쳐 한입 크기로 썬다.

3 에어프라이어에 종이포일을 깔고 버섯을 평평하게 올린 다음, 180℃에서 10분간 구워 수분을 날린다.

4 양파, 토마토소스를 잘 섞는다.

5 접시에 팽이버섯을 깔고 버무린 양파를 고루 올린 다음, 올리브, 파프리카, 닭가슴살햄, 치즈, 파프리카가루를 토핑한다.

6 다시 에어프라이어 180℃에서 5분간 가열한다.

낙지김치죽

 아침 점심

유명한 죽 전문점에서 제일 좋아하던 메뉴를 좀 더 건강하고 자극적이지 않게 만들었어요.
잘 익은 김치 소량에 토마토소스와 양파를 추가하면 특유의 감칠맛이 더해져 정말 맛있답니다.
낙지까지 넣은 고단백 건강 요리로 속을 든든히 하고 기력을 보충하세요.

□ 오트밀(퀵오트) 25g
□ 삶은 병아리콩 2큰술(40g)
　(혹은 병아리콩통조림)
□ 양파 1/5개(50g)
□ 배추김치 30g
□ 낙지 1마리(80g)
□ 쪽파 약간
□ 토마토소스 1큰술
□ 피자치즈 15g
□ 물 2/3컵
□ 후춧가루 약간

1　양파, 김치, 낙지는 굵게 다지고,
　쪽파는 잘게 썬다.

2　내열용기에 오트밀, 병아리콩,
　양파, 김치, 낙지, 토마토소스,
　물을 넣고 잘 섞는다.

3　피자치즈를 고루 올리고
　전자레인지로 4분간 가열한다.

4　쪽파, 후춧가루를 뿌린다.

통밀씬피자

얇은 통밀크래커를 도우로 활용한 미니표 피자는 이미 SNS에서 큰 사랑을 받은 인기 메뉴예요.

시판 씬피자와 견주어도 뒤지지 않는 맛에 만드는 방법은 얼마나 간단한지 몰라요.

가족과 친구들 모두 제가 만든 피자를 좋아해서 이제는 피자를 사 먹을 일이 없어졌어요.

다이어트 중에도 피자가 먹고 싶다면 참지 말고 이 레시피를 기억하세요!

□ 통밀크래커 5개
□ 양파 1/4개(50g)
□ 피망 1/4개(25g)
□ 목살베이컨 1장(20g)
□ 블랙올리브 2개
□ 토마토소스 1큰술
□ 피자치즈 15g
□ 달걀 1개
□ 옐로머스터드 1/2큰술

1 양파, 피망은 얇게, 베이컨은 한 입 크기로 썰고, 올리브는 동그란 모양을 살려 썬다.

> 저는 '핀 크리스프'라는 제품을 사용했어요.

2 종이포일 위에 통밀크래커를 살짝 겹쳐 평평히 깐다.

> 양파에 소스를 섞으면 적은 양의 소스로도 골고루 올릴 수 있어요.

> 토마토소스 대신 토마토퓌레나 바질페스토와 섞어도 좋아요.

3 양파, 토마토소스를 잘 섞어 통밀크래커 위에 고루 올린다.

> 전자레인지 사용 시 노른자가 터지지 않도록 포크로 찔러 2분간 가열하고, 달걀이 덜 익으면 조금 더 가열해요.

4 피망, 올리브, 베이컨, 치즈를 얹고 가운데에 달걀을 깨 올려 에어프라이어 180℃에서 10분간 굽는다.

> 크러쉬드레드페퍼, 파슬리가루 등을 뿌리면 비주얼도 맛도 업그레이드!

5 옐로머스터드를 뿌린다.

PART 3

월드와이드 집밥

저는 다이어트를 하면서 중요한 것 중 하나가 빨리 싫증 내지 않는 것이라고 생각해요.
같은 음식만 계속 먹어서 물리면 지쳐서 다이어트를 포기하기 쉽거든요.
22kg을 감량하고 6년간 유지할 수 있었던 것도 제가 먹어본 전 세계의 다양한 음식,
평소에 좋아하던 음식을 건강한 재료로 대체해 만들며 다양한 맛을 시도했기 때문이에요.
한식, 중식, 양식, 일식, 분식은 물론이고 동남아요리와 디저트까지 만들어서 다이어트 중에도
못 먹는 음식이 없도록 요리의 폭을 넓혔어요. 집밥이라고 꼭 한식일 필요는 없잖아요.
미니의 월드와이드 집밥으로 입맛 따라 기분 따라 메뉴를 골라가며 맛있게 감량하세요.

토마토김치볶음밥

김치볶음밥은 김치의 나트륨만 주의해서 조리하면 체중 감량 중에도 맛있게 만들어 먹을 수 있는 음식이에요.

김치의 양을 줄이는 대신 매운맛을 내는 채소를 추가하고,

열을 가하면 영양 흡수율이 좋아지는 토마토로 감칠맛을 업그레이드했어요.

우리, 다이어트 할 때도 김치볶음밥만큼은 놓치지 말아요.

☐ 현미밥 100g
☐ 달걀 1개
☐ 양파 1/4개(50g)
☐ 토마토 1/2개(100g)
☐ 대파 10cm(30g)
☐ 청양고추 1개
☐ 배추김치 40g
☐ 올리브유 2/3큰술
☐ 케첩 1/2큰술(생략 가능)

1 양파, 토마토는 굵게 다지고,
  고추, 대파, 김치는 송송 썬다.

2 달군 팬에 올리브유 1/3큰술을
  두르고 달걀프라이를 만들어
  덜어둔다.

강한 불로 볶아야
토마토의 수분이
날아가요.

젓가락으로 휘저은 낫토를
넣으면 마치 치즈가 듬뿍 든
김치볶음밥처럼 촉촉하게
먹을 수 있어요.

3 같은 팬에 올리브유 1/3 큰술을
  두르고 대파, 고추, 양파를
  볶다가 김치, 토마토를 넣고
  강불에서 볶는다.

4 밥을 넣고 잘 볶아 그릇에 담고,
  달걀을 올려 케첩을 뿌린다.

곤약떡볶이

탄수화물과 나트륨 덩어리인 떡볶이는 다이어트 중에는 피하는 게 정답이에요.
하지만 너무 먹고 싶어서 스트레스를 받는다면 이 레시피에 주목하세요.
살찌는 떡 대신 곤약우동면과 밤호박, 두부봉을 넣고 고춧가루와 향신채소로 칼칼한 맛을 냈어요.
떡볶이를 그리워했던 다이어터에게 큰 기쁨이 될 거예요.

Ready

- 곤약우동면 80g
- 미니 단호박 70g
- 양파 1/4개(50g)
- 두부봉 90g
- 청양고추 2개
- 피자치즈 10g
- 마늘가루 약간
- 파슬리가루 약간
- 올리브유 2/3큰술

고추장소스

- 고춧가루 1/2큰술
- 다진 마늘 2/3큰술
- 대추야자시럽 1/3큰술
- 고추장 1/3큰술
- 물 1컵

∑ Mini's Tip ⌍

풀무원 두부봉은 두부와 생선 살로 만든 제품으로 식감이 탱글탱글해서 소시지, 떡을 대체할 수 있어요. 두부봉 대신 생선살 함량이 높은 어묵을 써도 좋아요.

1 단호박, 양파, 두부봉은 한입 크기로 썰고, 고추는 송송 썬다.

> 곤약 특유의 냄새는 가열하면 사라져요. 일반 곤약면보다 곤약우동면이 식감이 좋아요.

2 곤약우동면은 찬물에 헹궈 체에 밭쳐 물기를 뺀다.

3 고추장소스 재료를 잘 섞는다.

4 달군 팬에 올리브유를 두르고 양파, 고추를 볶다가 단호박, 두부봉을 넣어 볶는다.

> 내열용기에 담아 치즈를 올리고 에어프라이어 180℃에서 5분간 구우면 치즈가 노릇노릇해져요.

5 곤약우동면, 고추장소스를 넣어 졸이듯 끓이고 치즈를 뿌린다.

6 그릇에 담고 마늘가루, 파슬리가루를 뿌린다.

닭가슴살분짜샐러드

액젓이나 피시소스 1큰술로 베트남음식 분짜 맛 샐러드를 만들어요.

냉장고에 있는 채소와 다이어터의 필수품 닭가슴살을 준비해주세요.

쌀국수를 대신할 곤약면까지 있으면 더 그럴싸해요. 저는 단백질의 소화 흡수를 돕는 키위도 넣었어요.

잘 섞은 분짜드레싱에 재료를 콕콕 찍어 먹으면 외식할 필요가 없죠?

Ready

☐ 완조리닭가슴살 100g
☐ 청상추 6장
☐ 키위 1/2개
☐ 당근 1/4개(50g)
☐ 적양배추 30g
☐ 곤약면 100g

분짜드레싱(2회 분량)
☐ 청양고추 1개
☐ 양파 1/8개(20g)
☐ 멸치액젓 1큰술
　(혹은 피시소스)
☐ 레몬즙 1큰술
☐ 알룰로스 1큰술
　(혹은 올리고당 1/2큰술)
☐ 물 1/3컵
☐ 다진 마늘 1/4큰술

1　청상추는 물기를 털고, 키위는 껍질째 씻는다.

키위 껍질은 식이섬유, 엽산, 비타민이 풍부해요. 깨끗이 씻어 얇게 썰어 먹으면 식감도 좋아요.

2　당근은 어슷하게, 청상추는 한입 크기로, 적양배추는 채 썰고, 키위는 껍질째 동그랗게 썬다.

3　닭가슴살은 한입 크기로 썰고, 분짜드레싱에 들어갈 청양고추, 양파는 다진다.

곤약면을 뜨거운 물에 데치면 곤약 특유의 향이 거의 없어져요.

4　곤약면은 찬물에 여러 번 헹궈 체에 밭친 다음, 데치듯이 끓는 물을 부어 물기를 뺀다.

5　분짜드레싱 재료를 잘 섞는다.

6　접시에 닭가슴살, 당근, 양배추, 키위, 상추, 곤약면을 둘러가며 담고 분짜드레싱을 찍어 먹는다.

미역초계국수

무더운 날의 가벼운 보양식을 소개해요.

미역과 라이트누들, 닭가슴살로 포만감과 단백질을 보충해줄 거예요.

또 닭가슴살 요리라고 걱정하지 마세요. 아삭한 오이와 알싸한 청양고추, 새콤달콤하고

고소한 국물이 어우러져 닭가슴살이 질릴 틈마저 없는 여름철 별미로 변신할 테니까요.

- ☐ 완조리닭가슴살 100g
- ☐ 라이트누들 1/2봉(75g)
- ☐ 건미역 5g
- ☐ 청양고추 1개
- ☐ 오이 1/3개(65g)
- ☐ 통깨 약간

국물 재료

- ☐ 통깨 1/2큰술
- ☐ 청양고춧가루 1/2큰술
- ☐ 다진 마늘 1큰술
- ☐ 현미식초 5큰술
- ☐ 간장 1큰술
- ☐ 알룰로스 2큰술
  (혹은 올리고당)
- ☐ 물 2컵

1 건미역은 찬물에 10분간 담가
불린 다음, 물기를 꼭 짜서 먹기
좋게 잘라 냉장고에 잠시 넣어둔다.

2 고추는 얇게 썰고, 오이는 채 썬다.

3 누들은 체에 밭쳐 물기를 빼고,
닭가슴살은 잘게 찢는다.

> 고명용 오이,
> 닭가슴살, 고추를
> 조금씩 남겨요.

4 볼에 국물 재료를 잘 섞고, 미역,
오이, 닭가슴살, 고추를 넣어
다시 잘 섞는다.

5 그릇에 누들을 담고 국물을
붓는다.

6 고명용 오이, 닭가슴살, 고추를
올리고 통깨를 뿌린다.

단짠스크램블드에그토스트

추억의 길거리 토스트, 기억하시죠?

폭신한 식빵, 채소를 넣은 부드러운 달걀, 케첩과 설탕의 새콤달콤함이 입안을 가득 메우던 그 맛!

저는 설탕 대신 딸기잼으로 단맛을 내고 스리라차소스를 추가해 '단짠단짠'의 매력을 살렸어요.

설탕을 넣지 않은 100% 딸기잼을 사용하면 더 좋아요.

Ready

☐ 통밀식빵 1장
☐ 달걀 2개
☐ 당근 1/4개(50g)
☐ 양파 1/4개(50g)
☐ 피자치즈 15g
☐ 딸기잼 1/3큰술
☐ 스리라차소스 1/2큰술
☐ 파슬리가루 약간
☐ 올리브유 1/2큰술

채소는 채소다지기를 사용하면 편리해요.

1 당근, 양파는 곱게 다지고, 달걀은 잘 푼다.

딸기잼은 설탕을 넣지 않고 과일로만 단맛을 낸 제품으로 골라요.

2 마른 팬에 식빵을 앞뒤로 굽고, 한쪽 면에 딸기잼을 얇게 펴 바른다.

3 달걀물에 당근, 양파를 넣어 잘 섞고, 달군 팬에 올리브유를 두르고 달걀물을 부어 스크램블드에그를 만든다.

4 피자치즈를 넣어 빠르게 섞는다.

5 식빵 위에 스크램블드에그를 올리고 스리라차소스, 파슬리가루를 뿌린다.

매콤참치비빔밥

참치비빔밥은 단백질과 채소, 좋은 탄수화물을 함께 먹으면서 만족스러운 포만감까지 줘서 언제나 환영이에요.
아, 참치는 뜨거운 물을 부어 기름을 빼고 먹는 건 이제 다 아시죠? 다양한 채소와 미니표 매콤양념,
달걀노른자를 익히지 않고 그대로 살린 서니사이드업 달걀프라이까지 맛있게 비벼 드세요.

Ready

- □ 참치통조림 1개(85g)
- □ 잡곡밥 100g
- □ 양파 1/8개(30g)
- □ 당근 1/8개(30g)
- □ 청양고추 1개
- □ 청상추 5장
- □ 파래김 1/2장
- □ 달걀 1개
- □ 올리브유 1/3큰술

매콤양념

- □ 깨소금 1/2큰술
- □ 다진 마늘 1/3큰술
- □ 스리라차소스 1큰술
- □ 대추야자시럽 1/3큰술
  (혹은 꿀)
- □ 물 1큰술
- □ 올리브유 1/3큰술

1 양파, 당근은 채 썰고, 고추는 다지고, 상추, 김은 가위로 잘게 자른다.

2 참치는 체에 밭쳐 끓는 물을 부어 기름을 제거한다.

3 달군 팬에 올리브유를 두르고 달걀프라이를 만든다.

4 매콤양념 재료, 다진 고추를 잘 섞는다.

5 그릇에 밥을 담고 양파, 참치, 상추, 당근, 김, 달걀프라이를 올린 다음, 매콤양념을 곁들인다.

시금치두부스크램블드에그

시금치는 비타민, 칼슘, 철분이 풍부한 채소예요.
그래서 시금치와 두부, 달걀로 건강한 저녁 메뉴를 만들었어요.
보슬보슬하게 볶아낸 으깬 두부와 달걀이 데친 시금치를 부드럽게 감싸고,
오독오독하고 고소한 땅콩이 씹을수록 즐거움을 더해요.

- 시금치 1줌(70g)
- 두부 1/3모(100g)
- 땅콩 15개(15g)
- 달걀 2개
- 들기름 1큰술
- 소금 1/5큰술
- 후춧가루 약간
- 올리브유 1/3큰술

1 시금치는 씻어 물기를 빼고 갈래갈래 먹기 좋게 뜯는다.

2 두부는 칼등으로 으깨고, 땅콩은 다지고, 달걀은 잘 푼다.

3 시금치는 체에 밭쳐 끓는 물을 부어 살짝 데친다.

4 달군 팬에 올리브유를 두르고 두부, 달걀을 넣고 휘저어가며 볶아 두부스크램블드에그를 만든다.

5 볼에 시금치, 두부스크램블드에그, 땅콩, 들기름, 소금, 후춧가루를 넣어 버무린다.

다이어트비빔면

새콤달콤매콤한 음식을 먹으면 스트레스가 확 풀리지 않나요?

그래서 저는 비빔면을 자주 만들어 먹어요.

식이섬유가 듬뿍 든 라이트누들과 채소를 미니표 건강 비빔소스에 버무리면

시판 비빔면 부럽지 않은 맛에 속까지 편해요.

삶은 달걀이나 살코기를 토핑해서 함께 먹어도 맛있어요.

Ready

- ☐ 라이트누들 1/2봉(75g)
  (혹은 곤약면)
- ☐ 양파 1/8개(30g)
- ☐ 오이 1/4개(45g)
- ☐ 양배추 100g
- ☐ 배추김치 40g
- ☐ 달걀 1개
- ☐ 식초 1/2큰술
- ☐ 소금 1/2큰술
- ☐ 통깨 약간

비빔소스

- ☐ 마늘 2개
- ☐ 양파 1/8개(30g)
- ☐ 사과 1/5개(45g)
- ☐ 고춧가루 1큰술
- ☐ 간장 1큰술
- ☐ 알룰로스 1큰술
  (혹은 올리고당 1/2큰술)
- ☐ 들기름 1큰술

1 양파, 오이, 양배추, 김치는
   얇게 채 썬다.

2 달걀은 식초, 소금을 넣은 물에
   10분 이상 완숙으로 삶고,
   찬물에 담갔다가 껍질을 벗겨
   2등분한다.

일반 곤약면을 사용할 시
끓는 물에 데쳐 곤약 특유의
냄새를 없애요.

3 누들은 물에 헹궈 체에 밭쳐
   물기를 뺀다.

4 믹서에 비빔소스 재료를 곱게 간다.

고명용 오이를
조금 남겨요.

5 볼에 누들, 양파, 오이, 양배추,
   김치, 비빔소스를 넣고 비빈다.

6 그릇에 담고 고명용 오이, 달걀,
   통깨를 올린다.

닭쌈플레이트 #김쌈잡마닭

  아침 저녁

퍽퍽한 닭가슴살과 고구마가 질렸다면? 요리할 시간이 없다면?

그럴 땐 냉장고에서 재료만 꺼내면 되는 닭쌈플레이트가 제격이에요.

김 위에 깻잎과 쌈무를 얹고 손톱만큼의 잡곡밥, 닭가슴살, 마늘을 싸 먹으면 고기쌈밥보다 맛있고 든든해요.

아마 이 맛을 잊지 못해 한동안 고정 메뉴가 될 걸요?

- ☐ 잡곡밥 80g
- ☐ 완조리닭가슴살 100g
- ☐ 파래김 2장
- ☐ 깻잎 10장
- ☐ 마늘 4개
- ☐ 쌈무 5장
- ☐ 브라질너트 2개
- ☐ 검은깨 약간

1 깻잎은 씻어 물기를 뺀다.

2 마늘은 얇게 썰고, 쌈무는 가볍게 물기를 짜 2등분한다.

3 김은 6등분하고, 닭가슴살은 전자레인지에 가열해 따뜻하게 데운다.

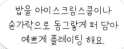

밥을 아이스크림스쿱이나 숟가락으로 동그랗게 퍼 담아 예쁘게 플레이팅 해요.

4 접시에 밥, 닭가슴살, 김, 깻잎, 마늘, 쌈무, 브라질너트를 담고 밥 위에 검은깨를 뿌린다.

카레어묵덮밥

닭가슴살 같은 단백질 식품이 물릴 땐 어육 함량이 높은 어묵으로 요리해요.
쫄깃한 어묵과 각종 채소에 카레가루로 향을 더하고, 땅콩버터로 고소함을 끌어올리면
향기로움이 남다른 어묵볶음 완성!
잡곡밥에 어묵을 올리고 달걀프라이의 노른자를 톡 터뜨려 맛있게 드세요.

Ready

- ☐ 잡곡밥 100g
- ☐ 어묵 70g
- ☐ 애호박 1/3개(80g)
- ☐ 새송이버섯 1/2개
- ☐ 청양고추 1개
- ☐ 달걀 1개
- ☐ 카레가루 1/4큰술
- ☐ 큐민가루 약간
- ☐ 땅콩버터 1/3큰술
- ☐ 후춧가루 약간
- ☐ 파슬리가루 약간
- ☐ 코코넛오일 2/3큰술

1 어묵, 애호박, 버섯은 한입 크기로 썰고, 고추는 얇게 썬다.

2 달군 팬에 코코넛오일 1/3큰술을 두르고 달걀프라이를 만든다.

Σ Mini's Tip Ζ

어묵은 밀가루 함량이 꽤 높아서 되도록 어육 함량이 높은 제품을 골라서 사요. 삼진어묵 천오란다는 어육 함량이 90% 이상 함유된 제품이라 자주 이용해요.

3 달군 팬에 코코넛오일 1/3큰술을 두르고 고추, 애호박을 볶다가 어묵, 버섯을 넣고 볶는다.

> 큐민가루가 없다면 카레가루 1/3큰술을 더 넣고 볶아요.

4 카레가루, 큐민가루, 땅콩버터, 후춧가루를 넣고 고루 섞어가며 볶는다.

5 그릇에 밥, 볶은 어묵을 담고 달걀프라이를 올린 다음, 파슬리가루를 뿌린다.

토달트밀

  저녁

토마토와 달걀의 조합이 진리라고 믿는 저는 '토달볶(토마토달걀볶음)'에 오트밀을 더해서
완벽한 영양으로 똘똘 뭉친 토달트밀을 좋아해요.
주로 저녁에 먹던 메뉴라 오트밀을 조금만 넣고 콜리플라워라이스를 넣어
포만감을 살렸어요. 정말 담백하고 맛있으니까 꼭 만들어보세요.

- ☐ 달걀 2개
- ☐ 오트밀(퀵오트) 15g
- ☐ 토마토 1/2개(250g)
- ☐ 청양고추 1개
- ☐ 콜리플라워라이스 70g
- ☐ 토마토소스 1큰술
- ☐ 물 2/3컵
- ☐ 슬라이스치즈 1장
- ☐ 올리브유 2/3큰술
- ☐ 후춧가루 약간

1 토마토, 고추는 한입 크기로 썰고, 콜리플라워라이스를 준비한다.

2 달걀은 잘 푼 다음, 달군 팬에 올리브유 1/3큰술을 두르고 달걀물을 부어 스크램블드에그를 만든다.

↘ Mini's Tip ↙

콜리플라워라이스는 쌀을 대신하는 저칼로리, 저탄수화물 식재료로 이미 외국에서는 다양하게 쓰여요. 브로콜리와 비슷한 하얀색 콜리플라워를 잘게 잘라 만든 제품으로 밥과 모양도 식감도 비슷해 다양한 요리에 밥을 대신해서 활용해요. 일반 콜리플라워나 브로콜리를 다져서 써도 되지만, 매번 손질하려면 번거로우니 냉동콜리플라워라이스를 사두면 요긴해요.

> 토마토는 오래 볶을수록 맛이 더 진해져요. 물 대신 무가당두유, 저지방우유, 귀리우유 등을 넣고 끓여도 좋아요.

3 냄비에 올리브유 1/3큰술을 둘러 토마토, 콜리플라워라이스, 고추를 볶다가 스크램블드에그, 오트밀, 토마토소스, 물을 넣어 끓인다.

4 치즈를 넣고 녹을 때까지 저은 다음, 그릇에 담아 후춧가루를 뿌린다.

닭안심미역국수

  아침 점심

다이어트를 할 때는 미역을 많이 활용하세요. 식이섬유가 풍부해 변비에 좋거든요.
특히 국물요리에 미역을 넣으면 국물이 맛있어지고 건더기도 풍부해져요.
미역과 닭안심, 양배추로 끓인 국물에 통밀국수를 더해
나트륨 걱정 없이 따끈한 국수 한 그릇를 즐길 수 있어요.

□ 건미역 5g
□ 통밀국수 50g
□ 생닭안심 90g
□ 양배추 100g
□ 들기름 1큰술
□ 다진 마늘 1큰술
□ 국간장 1큰술
□ 물 2컵
□ 햄프시드 1/2큰술

1 건미역은 찬물에 10분간 담가 불린 다음, 물기를 꼭 짜서 먹기 좋게 자른다.

2 생닭안심, 양배추는 한입 크기로 썬다.

3 냄비에 들기름을 두르고 미역, 마늘, 생닭안심을 볶다가 물, 양배추, 국간장을 넣어 푹 끓인다.

4 끓는 물에 통밀국수를 넣고 3분 30초간 삶은 다음, 체에 밭쳐 찬물에 헹군다.

5 그릇에 국수, 미역국을 담고 햄프시드를 뿌린다.

미니의백세밥상

미니의 백세밥상은 SNS에서 "한 번도 안 먹은 사람은 있어도 한 번만 먹은 사람은 없다!"라는
어록을 남긴 인기 메뉴예요. 평범한 비빔밥이지만 낫토, 오이, 김치, 달걀프라이, 들기름까지
시너지를 발휘하는 환상적인 조합으로 맛도 100점, 건강도 100점,
100세까지 장수할 것 같아 기분까지 100점인 메뉴랍니다.

☐ 현미밥 100g
☐ 낫토 1팩
☐ 오이 1/3개(50g)
☐ 청양고추 1개
☐ 배추김치 45g
☐ 달걀 1개
☐ 들기름 1큰술
☐ 검은깨 약간
☐ 올리브유 1/3큰술

1 오이, 고추는 둥근 모양을 살려 얇게 썰고, 김치는 굵게 다진다.

2 달군 팬에 올리브유를 두르고 달걀프라이를 만든다.

김치와 낫토, 들기름이 간을 맞춰주지만, 조금 싱겁다면 대구알스프레드나 명란젓, 간장 등을 살짝 추가해요.

3 낫토는 젓가락으로 휘저어 잘 섞는다.

4 그릇에 현미밥, 오이, 고추, 김치, 낫토를 둘러 담고 달걀프라이를 올린 다음, 들기름과 검은깨를 뿌린다.

오리배샐러드

훈제오리와 낫토로 동식물성 단백질을 골고루 챙기고,
아삭아삭한 배와 상큼한 블루베리로 감칠맛을 살린 샐러드예요.
상큼함과 짭짤함이 얼마나 잘 어울리는지 몰라요.
배 대신 사과나 복숭아 등의 아삭한 과일을 넣어서 나만의 과일 조합 샐러드를 완성해보세요.

☐ 훈제오리 100g
☐ 배 1/5개(100g)
☐ 양파 1/8개(30g)
☐ 블루베리 18개(30g)
☐ 낫토 1팩
☐ 낫토 팩 간장 1개
☐ 후춧가루 약간
☐ 통밀크래커 4개

배는 과육보다 껍질에 항산화 성분이 모여 있으니 깨끗이 씻어서 껍질째 먹어요.

1 배, 양파는 채 썰고, 블루베리는 흐르는 물에 씻는다.

2 훈제오리는 끓는 물에 데쳐 한입 크기로 썰고, 낫토는 젓가락으로 휘저어 잘 섞는다.

통밀토르티야, 통밀식빵 등에 넣어서 점심 식사로 먹어도 좋아요.

3 볼에 훈제오리, 배, 양파, 블루베리, 낫토, 낫토 팩 안에 든 간장을 넣어 섞은 다음, 그릇에 담아 후춧가루를 뿌린다.

4 통밀크래커를 곁들인다.

훈제닭가슴살김치덮밥

양파는 많이 볶을수록 단맛과 감칠맛이 좋아지는 채소예요.

갈색이 될 때까지 달달 볶은 양파가 이 레시피의 핵심인데요.

여기에 김치를 조금 넣어서 요리하면 깜짝 놀랄 만큼 맛있어져요.

훈제파프리카가루로 건강하게 불 향을 추가하면 더 좋고요.

간단한 재료만으로 만족스러운 한 끼가 될 거예요.

Ready

- ☐ 생닭가슴살 120g
- ☐ 현미밥 100g
- ☐ 양파 1/3개(80g)
- ☐ 대파 10cm(40g)
- ☐ 배추김치 60g
- ☐ 훈제파프리카가루 1/4큰술
- ☐ 고춧가루 1/4큰술
- ☐ 햄프시드 약간
- ☐ 올리브유 1큰술

1 양파는 채 썰고, 대파, 김치는
   잘게 썰고, 생닭가슴살은
   한입 크기로 썬다.

2 달군 팬에 올리브유를 두르고
   양파가 투명해질 때까지 볶는다.

3 대파, 김치, 닭가슴살을 넣어
   닭가슴살이 익을 때까지 볶다가
   훈제파프리카가루, 고춧가루를
   넣어 볶는다.

4 그릇에 현미밥을 담고
   닭가슴살김치볶음을 올려
   햄프시드를 뿌린다.

마늘종돼지고기볶음밥

외국에서 마늘종과 돼지고기로 만든 볶음요리에 반해서

잔뜩 먹고는 너무 짜서 물을 계속 들이켰던 적이 있어요.

하지만 한국에 와서도 그 조합이 계속 생각나 비슷한 요리를 만들었죠.

다이어트 중에도 먹을 수 있게 굴소스로 간을 삼삼하게 맞추고

청양고춧가루로 매운맛을 살린, 씹는 맛까지 좋은 볶음밥, 꼭 도전해보세요.

□ 현미밥 100g
□ 달걀 1개
□ 마늘종 50g
□ 양파 1/4개(50g)
□ 당근 1/4개(50g)
□ 돼지앞다리살 80g
□ 굴소스 1/2큰술
□ 청양고춧가루 1/3큰술
□ 올리브유 1큰술

1   마늘종은 잘게 썰고, 양파, 당근도
    비슷한 크기로 잘게 썬다.

2   돼지앞다리살은 작게 썬다.

3   달군 팬에 올리브유 1/3큰술을
    두르고 달걀프라이를 만든다.

4   달군 팬에 올리브유 2/3큰술을
    두르고 양파를 볶다가 마늘종,
    당근, 돼지고기를 넣어 고기가
    익을 때까지 볶는다.

5   현미밥, 굴소스, 청양고춧가루를
    넣고 고루 볶아 그릇에 담고
    달걀프라이를 올린다.

배토스트

배는 과육보다 껍질에 식이섬유와 항산화 성분이 훨씬 많아요.

그래서 배는 껍질을 깨끗이 씻어 껍질째 먹는 편이 좋아요.

저는 배 껍질의 거친 식감이 느껴지지 않게 배를 얇게 썰어서 사용해요.

달걀물을 입혀 촉촉하게 구운 빵 위에 예쁘게 올리면 카페 브런치가 부럽지 않은 나만의 아침 식사가 완성돼요.

Ready

- ☐ 통밀식빵 1장
- ☐ 배 1/5개(100g)
- ☐ 달걀 1개
- ☐ 두유 3큰술
- ☐ 슬라이스치즈 1장
- ☐ 아몬드슬라이스 5g
- ☐ 시나몬가루 약간
- ☐ 코코넛오일 1/2큰술

1   볼에 달걀, 두유를 넣고 잘 풀어
    식빵을 앞뒤로 푹 적신다.

껍질째 먹어야 건강에 좋은 배나
키위는 식초나 베이킹소다를 넣은
물에 잠시 담갔다 씻어 사용해요.

2   배는 껍질째 얇게 썬다.

3   달군 팬에 코코넛오일을 두르고
    식빵을 앞뒤로 노릇하게 구워
    접시에 올린다.

4   구운 식빵 위에 치즈를 올리고
    배, 아몬드슬라이스, 시나몬가루를
    토핑한다.

PART 4

도시락

♨♀↑

다이어트 중에 점심을 사 먹으면 폭식하거나 살찌는 음식을 고르기 쉬워요.

또 먹고 나서 오래 앉아 있으면 소화도 잘 안되고 지갑도 점점 가벼워지죠.

그래서 저는 회사에 도시락을 싸서 다녔는데, 돈도 아끼고 소화도 잘 되고

내 시간도 생겨서 여러모로 좋았어요. 그때의 경험으로 만들기도 먹기도 쉬우면서

포장 시 새지 않는 음식, 한식 외에도 샌드위치, 달걀요리, 퓨전요리 등 질리지 않는 메뉴를 개발할 수 있었어요.

단백질과 탄수화물, 적당한 지방과 식이섬유로 영양과 포만감을 꽉 채운 알찬 도시락을 만나 봐요.

사각김밥 <small>(2회 분량)</small>

둥글게 말아내는 김밥이 어렵다면 사각김밥에 도전해보세요.

김 위에 치즈를 얹고 네모난 치즈에 맞춰 재료를 차곡차곡 쌓아올려요.

김으로 감싸 샌드위치 포장하듯 래핑하면 맛도 좋고 자른 단면까지 예쁜 샌드위치형 김밥이 완성돼요.

한국인 취향을 저격한 재료의 어울림까지 음미해보세요.

- ☐ 김밥김 2장
- ☐ 잡곡밥 170g
- ☐ 달걀 2개
- ☐ 할라페뇨 6개
- ☐ 청상추 7장
- ☐ 빨간파프리카 1/4개(35g)
- ☐ 슬라이스치즈 1장
- ☐ 볶음용멸치 20g
- ☐ 마카다미아 14개(1/2줌)
- ☐ 검은깨 1/4큰술
- ☐ 꿀 1/2큰술
- ☐ 올리브유 2/3큰술

1 상추는 물기를 빼고, 파프리카는 네모나게 썬다.

2 달군 팬에 올리브유 1/3큰술을 두르고 멸치, 마카다미아, 검은깨, 꿀을 넣고 볶아 멸치볶음을 만든다.

3 달군 팬에 올리브유 1/3큰술을 두르고 달걀프라이를 만든다.

4 랩 위에 김 1장을 깔고 가운데에 치즈를 올린 다음, 밥, 멸치볶음을 섞어 올린다.

5 할라페뇨→달걀프라이→ 파프리카 → 상추→김 1장 순으로 올리고 김을 사방에서 접어 사각형 모양으로 포장한다.

6 6:4 비율로 2등분해 점심과 아침 혹은 점심과 간식으로 나눠 먹는다.

게맛살고추냉이유부초밥

  아침 점심

도시락 메뉴로 제격인 유부초밥은 맛있어서 여러 개 먹는 순간 탄수화물을 과식하게 돼요.
미니표 다이어트 유부초밥은 밥의 양을 조절하는 게 핵심으로
밥을 딱 엄지손톱 크기만큼 넣고 코끝 찡한 저칼로리 고추냉이게맛살을 올려요.
먹는 내내 맛과 행복이 입안에서 톡톡 터질 거예요.

□ 현미밥 70g
□ 게맛살 3개
□ 유부 5장
□ 오이 1/3개(45g)
□ 양파 1/6개(45g)
□ 식물성마요네즈 1큰술
□ 고추냉이 1/3큰술
□ 검은깨 약간

1   유부는 끓는 물에 데쳐 물기를
    꼭 짠다.

2   오이, 양파는 채 썰고, 게맛살은
    비닐째 비벼 결대로 찢는다.

3   오이, 양파, 게맛살, 마요네즈,
    고추냉이를 잘 섞는다.

4   밥은 엄지손톱 크기로 동그랗게
    뭉친다.

밥 대신 두부,
완조리닭가슴살 등을
넣어도 좋아요.

5   유부에 밥을 넣고 고추냉이게맛살을
    채워 검은깨를 뿌린다.

고기쌈김밥

  점심

김밥도 고기도 사랑하는 다이어터에게 이 요리는 최고의 메뉴가 될 거예요.

김밥과 고기가 함께하니 맛이 없을 리가요.

쌈은 아무데서나 먹기 힘들었지만 김밥으로 말아내니 어디서든 한입에 쏙쏙, 신선한 잎채소까지 즐길 수 있어요.

새콤달콤한 쌈무와 매콤한 스리라차소스로 맛의 포인트를 살려주세요.

Ready

- □ 현미밥 70g
- □ 김밥김 1장
- □ 청상추 7장
- □ 쌈무 3장
- □ 청양고추 2개
- □ 돼지목살(얇게 썬 것) 100g
- □ 슬라이스치즈 1장
- □ 스리라차소스 1큰술
- □ 들기름 1/3큰술

1 상추, 쌈무는 물기를 빼고, 고추는 꼭지를 떼고, 치즈는 3등분한다.

2 마른 팬에 돼지목살을 굽고 키친타월에 올려 기름을 뺀다.

밥을 한 김 식히고 말아야 김이 울지 않아요. 위생장갑을 끼고 양손으로 밥을 펼쳐도 좋아요.

3 김 면적의 70%에 해당하는 아랫부분에 3등분한 치즈를 가로로 나란히 올리고, 나머지 부분에 밥을 주걱으로 촘촘히 펼친다.

4 밥 위에 청상추 5장→쌈무→목살→청양고추 순으로 올리고 스리라차소스를 뿌린다.

김밥을 말고 김이 끝나는 부분을 바닥과 맞닿게 잠시 두세요. 속 재료의 수분 덕분에 김이 잘 고정돼요.

5 상추 2장을 덮어 김밥을 단단하게 돌돌 만다.

27쪽 김밥 마는 법을 참고하세요.

6 들기름을 김밥 윗부분과 칼에 바르고 먹기 좋게 썬다.

팔뚝토르티야롤 (2회 분량)

  아침 점심 간식

토르티야롤은 한 손으로 들고 먹기에도 편할 뿐만 아니라

채소를 비롯한 다양한 식재료가 잘 어우러져 다이어트 도시락 메뉴로 제격이에요.

만약 토르티야롤을 돌돌 말기가 힘들다면 크기가 큰 토르티야를 쓰거나 작은 토르티야 2장을 일부만 겹쳐서 써요.

그러면 그토록 원하던 팔뚝만큼 두꺼운 롤을 말 수 있어요.

- ☐ 통밀토르티야 1개
- ☐ 달걀 2개
- ☐ 게맛살 3개
- ☐ 깻잎 8장
- ☐ 당근 1/3개(70g)
- ☐ 양파 1/5개(50g)
- ☐ 청양고추 2개
- ☐ 쌈무 2장
- ☐ 슬라이스치즈 1장
- ☐ 옐로머스터드 1큰술
- ☐ 올리브유 1/3큰술

1 깻잎은 물기를 빼고, 당근, 양파는 채 썰고, 고추는 꼭지를 땐다.

2 달걀은 잘 풀고, 게맛살은 비닐째 비벼 결대로 찢는다.

3 달군 팬에 올리브유를 둘러 키친타월로 가볍게 닦아내고, 달걀물을 부어 지단을 부친 다음, 한 김 식힌다.

4 게맛살, 양파, 당근, 머스터드를 잘 섞어 게맛살샐러드를 만든다.

너무 오래 구우면 토르티야가 딱딱해져 부서질 수 있으니 살짝 구워요.

5 마른 팬에 토르티야를 굽는다.

헐겁게 포장되었다면 랩으로 다시 한 번 단단하게 포장해요.

25쪽 토르티야롤 포장법을 참고해요.

6 매직랩을 깔고 토르티야→지단 →깻잎 4장→쌈무→치즈→ 게맛살샐러드→고추 →깻잎 2장 순으로 올려 김밥 말듯이 만다.

7 다시 랩으로 한 번 더 포장하면서 양옆의 재료가 튀어나오지 않게 숟가락으로 안쪽으로 누르고, 랩을 아래에서 위로 당기듯이 힘주어 포장한다.

8 6:4 비율로 2등분해 점심과 간식 혹은 아침과 간식으로 나눠 먹는다.

요거트컵

아침으로 즐겨 먹던 요거트볼을 도시락으로 가지고 다닐 수 없을까 생각하다가 만든 메뉴예요.
2개의 그릇이 위아래로 달린 투웨이용기에 묽은 요거트와 뮤즐리, 과일 등의 토핑을 따로 담아보세요.
끼니를 못 챙긴 바쁜 아침이나 집중력이 떨어지는 오후에 눅눅하지 않고 갓 만든 듯한 요거트컵을 즐길 수 있어요.

Ready

□ 무가당요거트 100ml
□ 뮤즐리 40g
□ 블루베리 27개(50g)
□ 키위 1/2개
□ 카카오닙스 1/2큰술
□ 아몬드 12개

⊐ Mini's Tip ⊏

저는 용기 두 개가 하나의 본체로 이루어진 투웨이용기를 사용했지만, 비슷한 크기의 용기나 재활용 플라스틱 밀폐용기를 활용해도 좋아요. 밀폐가 걱정된다면 묶어서 흐를 수 있는 무가당요거트보다는 꾸덕꾸덕한 그릭요거트를 준비해요.

키위 껍질은 식이섬유, 엽산, 비타민이 풍부해요. 깨끗이 씻어 얇게 썰어 먹으면 식감도 좋아요.

1 블루베리는 물기를 빼고, 키위는 껍질째 먹기 좋은 크기로 썬다.

2 뮤즐리, 키위, 카카오닙스, 블루베리, 아몬드 순으로 용기에 담는다.

용기가 위아래로 달린 투웨이용기를 사용했어요.

3 다른 밀폐용기에 요거트를 담고, 먹기 직전에 준비한 재료에 요거트를 섞는다.

깻잎월남쌈

채소를 많이 먹을 수 있다는 이유로 다이어트 외식 메뉴 1위였던 월남쌈, 이젠 도시락으로 즐겨요.

채소와 훈제오리로 속을 꽉꽉 채워 만든 월남쌈에 깻잎을 덧대어 감싸주세요.

라이스페이퍼끼리 붙지 않아서 좋고 한입에 먹을 수 있어 편리해요. 저칼로리 땅콩소스와 함께 고소한 맛을 즐겨요.

Ready

- ☐ 현미월남쌈 6장
- ☐ 훈제오리 110g
- ☐ 깻잎 6장
- ☐ 키위 1개
- ☐ 빨간파프리카 1/4개(30g)
- ☐ 노란파프리카 1/4개(30g)
- ☐ 오이 1/5개(30g)
- ☐ 청양고추 1개

땅콩소스

- ☐ 땅콩버터 1큰술
- ☐ 식물성마요네즈 1/2큰술
- ☐ 옐로머스터드 1/2큰술
- ☐ 레몬즙 1큰술

1 깻잎은 물기를 뺀다.

키위 껍질에는 식이섬유와 비타민, 엽산이 응축되어 있고 식감도 좋아요.

2 키위는 껍질째 동그랗고 얇게 썰고,
파프리카, 오이는 채 썰고,
고추는 어슷 썬다.

3 오리는 뜨거운 물에 살짝 데친다.

4 땅콩소스 재료를 잘 섞는다.

5 월남쌈은 미지근한 물에 담갔다
바로 빼서 펼친 다음, 훈제오리,
키위, 파프리카, 오이, 고추를
올려 돌돌 만다.

6 월남쌈끼리 서로 붙지 않게
깻잎으로 감싸 용기에 담는다.

하프언위치 #반쪽만샌드위치

식빵 2장으로 만든 빵빵한 샌드위치는 자칫하면 탄수화물이 과할 수 있어서
한 번에 반쪽씩, 두 번에 나누어 먹어야 해요. 하지만 나도 모르게 한꺼번에 먹어버리기도 하잖아요.
이땐 한쪽만 빵을 올리고 채소를 듬뿍 넣어 하프언위치를 만들어요.
죄책감 없이 샌드위치 하나를 다 먹으니까 포만감은 up, 몸무게는 down! 정말 기특한 메뉴죠?

Ready

- ☐ 통밀식빵 1장
- ☐ 완조리닭가슴살 80g
- ☐ 청상추 8장
- ☐ 키위 1개
- ☐ 빨간파프리카 1/2개(50g)
- ☐ 양파 1/5개(30g)
- ☐ 달걀 1개
- ☐ 슬라이스치즈 1장
- ☐ 홀그레인머스터드 1/2큰술
- ☐ 올리브유 1/3큰술

1 상추는 물기를 빼고, 키위는 깨끗이 씻는다.

2 파프리카는 얇게, 키위는 껍질째 동그란 모양을 살려 썰고, 양파는 얇게 채 썬다.

3 마른 팬에 식빵을 앞뒤로 노릇하게 굽는다.

4 달군 팬에 올리브유를 두르고 달걀프라이를 만든다.

5 닭가슴살은 결대로 찢고, 식빵은 한쪽 면에 머스터드를 얇게 펴 바른다.

6 매직랩을 깔고 식빵→치즈→ 양파→파프리카→닭가슴살→ 키위→달걀프라이→상추 순으로 올린다.

23쪽 샌드위치 포장법을 참고해요.

7 랩으로 포장해 2등분한다.

콜리플라워컵볶음

닭안심과 달걀, 콩비지로 동·식물성 단백질을 골고루 채우고,

밥 대신 콜리플라워라이스를 넣어 탄수화물을 줄인 볶음밥이라니, 딱 다이어터가 원하던 식단 아닌가요?

납작한 용기보다는 안이 깊은 컵 모양 용기에 포장하고, 스리라차소스를 곁들이면

사무실이나 책상에서 간단히 먹을 수 있어서 좋아요.

Ready

- ☐ 생닭안심 80g
- ☐ 달걀 1개
- ☐ 콩비지 60g
- ☐ 냉동채소믹스 80g
- ☐ 콜리플라워라이스 80g
- ☐ 피자치즈 20g
- ☐ 스리라차소스 1큰술
- ☐ 올리브유 2/3큰술

1 닭안심은 작게 썰고, 달걀은 잘 푼다.

2 달군 팬에 올리브유 1/3큰술을 두르고 달걀물을 부은 다음, 스크램블드에그를 만들어 덜어둔다.

3 같은 팬에 올리브유 1/3큰술을 두르고 채소믹스, 닭안심, 콜리플라워라이스를 넣고 고기가 익을 때까지 볶다가 콩비지, 치즈를 넣고 가볍게 볶는다.

4 스크램블드에그를 넣고 섞듯이 볶는다.

스리라차소스가 없다면 소금, 후춧가루로 간해요.

5 용기에 담고 스리라차소스를 뿌린다.

두부김치맛부리토 (2회 분량)

한국인이 사랑하는 두부와 김치를 함께 넣어 만든 부리토예요.

다이어트 중에는 나트륨 섭취를 줄여야 하니 김치는 조금만 넣고, 청양고추와 양파,

브로콜리와 버섯을 추가해 감칠맛이 좋은 저염 김치채소볶음을 만들어요.

토르티야에 지단, 구운 두부, 김치볶음을 채우고 빙그르르 말아내면 영양이 가득한 한 끼가 완성됩니다.

Ready

- ☐ 통밀토르티야 1개
- ☐ 두부 2/3모(200g)
- ☐ 달걀 2개
- ☐ 브로콜리 60g
- ☐ 새송이버섯 1개
- ☐ 양파 1/4개(50g)
- ☐ 청양고추 1개
- ☐ 배추김치 70g
- ☐ 김밥김 1장
- ☐ 올리브유 2/3큰술

1 브로콜리, 버섯은 한입 크기로,
양파는 채 썰고, 고추, 김치는
잘게 썬다.

2 달걀은 잘 풀고, 두부는 막대
모양으로 썬다.

3 달군 팬에 올리브유 1/3큰술을
둘러 키친타월로 가볍게 닦아내고,
달걀물을 부어 지단을 부친
다음, 한 김 식힌다.

4 달군 팬에 올리브유 1/3큰술을
두르고 고추, 양파를 볶다가
김치, 브로콜리, 버섯을 넣고
볶아 김치채소볶음을 만든다.

5 마른 팬에 두부, 토르티야를
각각 살짝 굽는다.

25쪽 토르티야롤
포장법을 참고해요.

6 매직랩을 깔고 토르티야→지단
→두부→김치채소볶음 순으로
올리고 김을 덮어 토르티야를
돌돌 만다.

7 랩으로 한 번 더 포장하고 양옆도
아래에서 위로 힘을 주며
당기듯이 붙인다.

8 6:4 비율로 2등분해 점심과 간식
혹은 아침과 점심으로 나눠 먹는다.

오이샌드위치 #오호샌드

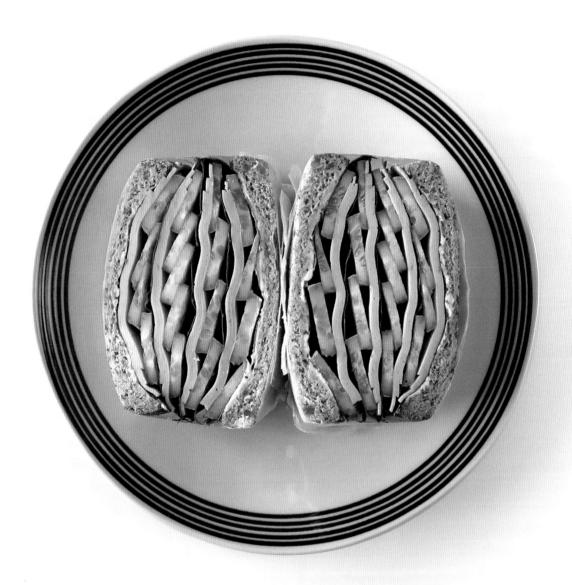

여행 중에 영국 귀족이 즐겼다던 오이샌드위치를 먹고는 깜짝 놀란 적이 있어요.
식빵, 크림치즈, 오이, 단 세 가지 재료의 단순하지만 고급스러운 맛 때문에요.
이 레시피에 닭가슴살햄을 추가하고 크림치즈 대신 그릭요거트와 식물성마요네즈를 넣어
건강한 다이어트 메뉴로 발전시켰어요. 심플한 샌드위치로 재료의 참맛을 느껴보세요.

□ 통밀식빵 2장
□ 오이 1개
□ 깻잎 5장
□ 닭가슴살햄 150g
□ 그릭요거트 1큰술
□ 식물성마요네즈 1큰술
□ 파슬리가루 약간

1 오이는 어슷 썰고, 깻잎은
꼭지를 뗀다.

2 마른 팬에 식빵을 앞뒤로
노릇하게 굽는다.

저지방크림치즈를
얇게 펴 발라도 좋아요.

3 요거트, 마요네즈, 파슬리가루는
잘 섞어 각 식빵의 한쪽 면에
고루 펴 바른다.

4 매직랩을 깔고 식빵→깻잎→
오이→닭가슴살햄을 교차하여
올리고 나머지 식빵 1장을 덮는다.

23쪽 샌드위치
포장법을 참고해요.

5 샌드위치를 랩으로 포장하고
6:4 비율로 2등분해 아침과 점심
혹은 점심과 간식으로 나눠 먹는다.

누들케일롤

토르티야나 빵 대신 케일로 말아낸 롤은 탄수화물 함량도, 칼로리도 낮은 레시피인데 맛은 고칼로리 음식 같아요.

저의 '급찐급빠' 유튜브 브이로그를 보면 이 레시피에 빠져 며칠 동안 이것만 만들어 먹는 미니를 만날 수 있어요.

잎채소를 편식하는 채소 초보자도 도전하길 권하는 저의 강력 추천 메뉴입니다.

- 참치통조림 1개(85g)
- 라이트누들 1봉(150g)
- 케일(즙용) 2장
- 당근 1/2개(65g)
- 김밥김 1장
- 할라페뇨 6~7개
- 게맛살 2개
- 슬라이스치즈 1장
- 식물성마요네즈 1큰술
- 스리라차소스 1큰술
- 올리브유 1/3큰술

1 케일은 줄기의 두꺼운 심 부분을 저며 제거하고, 당근은 최대한 얇게 채 썬다.

2 참치는 숟가락으로 눌러가며 기름을 쫙 빼고, 누들은 물기를 뺀다.

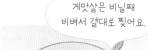

게맛살은 비닐째 비벼서 결대로 찢어요.

3 달군 팬에 올리브유를 두르고 당근을 재빨리 살짝 볶는다.

4 참치, 게맛살, 누들, 마요네즈, 스리라차소스를 섞어 참치누들을 만든다.

5 랩을 깔고 케일 2장을 가로로 살짝 겹쳐 올린 다음, 김을 올린다.

6 치즈→당근→할라페뇨→ 참치누들 순으로 올린 다음, 케일 양옆을 접고 동글게 말아 랩으로 포장한다.

7 6:4 비율로 2등분해 저녁과 간식으로 나눠 먹는다.

청양무쌈김밥 #민또김 대표메뉴

일반 김밥은 생각보다 많은 양의 밥을 넣고 만들어서 다이어트 할 때 한 줄을 다 먹기엔 부담스러워요.

그래서 김 중앙에 치즈를 올리고 나머지 자리에만 현미밥을 얇게 깔아 탄수화물을 줄인 미니표 김밥을 개발했어요.

밥 양을 줄인 대신 채소를 듬뿍 넣어 한입 가득 씹는 재미와 포만감까지 살렸죠.

이 레시피 덕분에 한동안 김밥에 푹 빠져 '민또김(미니가 또 김밥)'이라는 애칭을 얻었답니다.

☐ 현미밥 60g
☐ 달걀 2개
☐ 쌈무 5장
☐ 김밥김 1장
☐ 깻잎 7장
☐ 청양고추 2개
☐ 당근 1/2개(60g)
☐ 슬라이스치즈 1장
☐ 올리브유 1큰술
☐ 들기름 1/3큰술

당근을 채 썰 때 채칼을 쓰면 편리해요.

1 깻잎은 물기를 빼고, 청양고추는 꼭지를 떼고, 당근은 최대한 얇게 채 썬다.

2 달걀은 잘 풀고, 쌈무는 물기를 빼고, 치즈는 3등분한다.

달걀말이가 식기 전에 김발로 꽉 말아두면 빈틈없이 동그랗고 예쁜 모양을 만들 수 있어요.

3 달군 팬에 올리브유 1/3큰술을 두르고 달걀물을 부은 다음, 약불에서 달걀말이를 만든다.

4 같은 팬에 올리브유 2/3큰술을 두르고 당근을 볶는다.

김은 거친 면을 위로, 살짝 긴 면을 세로로 두면 속이 꽉 찬 김밥을 말기 좋아요. 위생장갑을 끼고 양손으로 밥을 펼쳐도 좋아요.

김밥을 말고 김이 끝나는 부분을 바닥과 맞닿게 잠시 두세요. 속 재료의 수분 덕분에 김이 잘 고정돼요.

27쪽 김밥 마는 법을 참고해요.

5 김 면적의 70%에 해당하는 아랫 부분에 3등분한 치즈를 가로로 나란히 올리고, 나머지 부분에 밥을 주걱으로 촘촘히 펼친다.

6 깻잎 5장→쌈무→당근→고추→ 달걀말이→깻잎 2장 순으로 올리고 김밥을 만다.

7 들기름을 김밥 윗부분과 칼에 바르고 먹기 좋게 썬다.

당근두부샌드 _(2회 분량)

다이어트 중에 식빵 2장으로 만든 샌드위치가 부담된다면 빵 하나를 두부로 대신해보세요.

닭가슴살과 두부로 단백질을 채우고 아삭한 당근, 칼칼한 청양고추까지 넣어 다양한 식감과 맛을 살렸어요.

재료에 따라 맛이 무궁무진하게 변하는 샌드위치의 매력을 다시 한번 느껴보세요.

Ready

- ☐ 통밀식빵 1장
- ☐ 두부 1/3모(100g)
- ☐ 완조리닭가슴살 140g
- ☐ 청양고추 3개
- ☐ 당근 1/2개(90g)
- ☐ 깻잎 7장
- ☐ 슬라이스치즈 1장
- ☐ 옐로머스터드 1큰술
- ☐ 후춧가루 약간
- ☐ 올리브유 1/3큰술

1 청양고추는 꼭지를 떼고, 당근은 채 썰고, 깻잎은 물기를 뺀다.

2 달군 팬에 올리브유를 두르고 당근을 볶다가 후춧가루를 뿌린다.

> 두부는 찌개용보다 단단한 부침용 두부를 사용하면 좋아요.

3 닭가슴살은 결대로 찢고, 두부는 식빵 두께로 썰어 마른 팬에서 강불로 수분을 날리듯 굽는다.

4 마른 팬에 식빵을 앞뒤로 노릇하게 굽는다.

> 매운 음식을 잘 먹지 못한다면 청양고추를 길게 반으로 갈라 조금만 넣거나 풋고추를 넣어요. 23쪽 샌드위치 포장법을 참고해요.

5 매직랩을 깔고 식빵→치즈→ 닭가슴살→고추→머스터드→ 당근→깻잎→두부 순으로 올려 포장한다.

6 6:4 비율로 2등분해 점심과 아침 혹은 점심과 간식으로 나눠 먹는다.

통에그샌드위치 (2회 분량)

기대 이상으로 알록달록 예쁘고, 맛도 좋고, 포만감까지 좋은 샌드위치예요.

미리 밀프렙 해둔 후무스와 당근비트라페를 넣었더니 조리 시간까지 단축됐어요.

새콤달콤해서 느끼하지 않고 이국적이면서도 매력적인 맛에 먹어본 사람은 계속 찾게 되는 마성의 메뉴입니다.

- ☐ 통밀식빵 2장
- ☐ 달걀 2개
- ☐ 청양고추 3개
- ☐ 후무스 165g
  (밀프렙 210쪽 참고)
- ☐ 당근비트라페 100g
  (밀프렙 214쪽 참고)
- ☐ 슬라이스치즈 1장
- ☐ 식물성마요네즈 1큰술
- ☐ 옐로머스터드 1큰술
- ☐ 식초 1/2큰술
- ☐ 소금 1/2큰술

1 달걀은 식초, 소금을 넣은 물에 넣어 10분 이상 삶고, 찬물에 담갔다가 껍질을 벗긴다.

2 달걀은 2등분하고, 청양고추는 꼭지를 뗀다.

3 후무스, 마요네즈, 머스터드를 잘 섞는다.

갓 구운 식빵을 서로 기대어 세워두면 눅눅해지지 않아요.

4 마른 팬에 식빵을 앞뒤로 노릇하게 굽는다.

23쪽 샌드위치 포장법을 참고해요.

5 매직랩을 깔고 식빵 1장에 후무스를 바른 다음, 달걀→고추→당근비트라페→치즈→식빵 순으로 올려 포장한다.

6 6:4 비율로 2등분해 아침과 점심 혹은 점심과 간식으로 나눠 먹는다.

닭고야김밥

닭가슴살, 고구마, 야채, 줄여서 부르는 '닭고야'가 김밥으로 변신했어요.
밥 대신 삶아서 으깬 고구마에 향 좋은 깻잎과 맵싸한 할라페뇨 토핑이 이 김밥의 핵심이에요.
따로 먹으면 지겹지만 김에 넣고 돌돌 말아내면 익숙하면서도 새로운 조합의 맛에 감탄할 거예요.

Ready

□ 고구마 110g
□ 완조리닭가슴살 100g
□ 김밥김 1장
□ 깻잎 8장
□ 당근 1/4개(50g)
□ 슬라이스치즈 1장
□ 할라페뇨 7개
□ 물 1큰술
□ 들기름 1/3큰술
□ 올리브유 1/3큰술

고구마가 퍽퍽하다면
물을 조금씩 넣어가며
으깨요.

1 고구마는 껍질을 벗겨 한입 크기로 썰고, 닭가슴살은 먹기 좋은 크기로 썬다.

2 내열용기에 고구마, 물을 넣고 랩을 씌워 젓가락으로 구멍을 뚫은 다음, 전자레인지로 2분간 가열해 포크로 으깬다.

3 깻잎은 꼭지를 떼고, 당근은 채 썰고, 치즈는 3등분한다.

4 달군 팬에 올리브유를 두르고 당근을 가볍게 볶는다.

으깬 고구마는
한 김 식힌 뒤
올려요.

27쪽 김밥 마는 법을
참고해요.

5 김 면적의 70%에 해당하는 아랫부분에 3등분한 치즈를 가로로 나란히 올리고, 나머지 부분에 고구마를 주걱으로 촘촘히 펼친다.

6 깻잎 5장→닭가슴살→할라페뇨→당근→깻잎 3장 순으로 올리고 김밥을 만다.

7 들기름을 김밥 윗부분과 칼에 발라 썬다.

PART 5

채식

전 세계적으로 환경 문제가 화두가 되면서 환경과 내 몸을 위한 채식 운동이 활발해요.

완벽한 채식주의자가 되긴 어렵지만, 일주일에 두세 번이라도 온전히 채소로 만든 음식을 먹으면

몸이 가벼워지고 냉장고에 남은 채소까지 깔끔하게 사용할 수 있어요.

그래서 미니가 다양한 재료와 양념을 조합해 채소를 싫어하는 사람도, 감량에 지친 다이어터도

눈이 번쩍 뜨일 만큼 맛 좋은 레시피를 개발했어요. 앞으로는 채소를 사랑하게 될 만큼

맛있게 만들었으니까 채식 식단에 대한 편견을 버리고 꼭 만들어보길 바라요.

미역줄기두부볶음면

식이섬유가 풍부한 미역줄기, 식물성 단백질 재료 면두부, 비타민이 풍부한 채소가 듬뿍!

영양이 풍부하고 포만감이 좋은 메뉴를 소개해요.

다채로운 재료가 다양한 식감, 복합적인 맛을 내서 들기름만 넣고 볶아도 맛있는 요리를 완성할 수 있어요.

미역줄기에 짠맛이 남아 있으니 따로 간하지 않아도 돼요.

Ready

☐ 미역줄기 70g
☐ 면두부 50g
☐ 당근 1/3개(40g)
☐ 양파 1/5개(30g)
☐ 파프리카 1/3개(40g)
☐ 청양고추 1개
☐ 들기름 1큰술
☐ 검은깨 약간
☐ 올리브유 1/2큰술

미역의 소금기를 충분히 빼주어야 짜지 않아요.

1 미역줄기는 물에 여러 번 헹구고 찬물에 5분 이상 담갔다 물기를 뺀다.

2 당근, 양파, 파프리카는 채 썰고, 청양고추는 어슷 썬다.

3 달군 팬에 올리브유를 두르고 양파, 고추를 볶다가 당근, 미역줄기, 파프리카, 면두부를 넣고 볶는다.

4 들기름을 두르고 재빨리 볶아 그릇에 담고 검은깨를 뿌린다.

두부볼 (2회 분량)

겉은 바삭한데 속은 쫀득? 재미난 식감에 자꾸 손이 가는 두부볼이에요.

얼린 두부 특유의 식감에 고소한 아몬드, 매운 향의 채소와 향신료가 더해져 담백한 맛이 좋아요.

에어프라이어가 없다면 프라이팬에 납작하게 눌러서 구워 먹어도 정말 맛있어요.

□ 얼린 두부 1모
□ 양파 1/4개(70g)
□ 당근 1/5개(50g)
□ 아몬드 20개
□ 청양고추 1개
□ 깻잎 5장
□ 통밀가루 3큰술
□ 카레가루 1/2큰술
□ 훈제파프리카가루 1/4큰술
□ 허브솔트 1/4큰술
□ 올리브유 스프레이 약간

1 양파, 당근, 아몬드, 청양고추를
   채소다지기에 넣고 잘게 다지고,
   깻잎을 넣고 다시 한번 다진다.

2 얼린 두부는 해동해서 물기를
   꼭 짜고 으깬다.

∑ Mini's Tip ∑

두부는 팩에 담긴 그대로 얼
려요. 자연해동하거나 전자레
인지로 해동한 다음, 물기를
꼭 짜서 사용해요. 두부는 얼
렸다가 물기를 짜면 수분층이
빠져나가 식감이 쫄깃해져요.

3 다진 채소, 두부, 통밀가루,
   카레가루, 훈제파프리카가루,
   허브솔트를 섞어 반죽을 만든다.

달군 팬에 올리브유를 두르고
반죽을 동글납작하게 조금씩 올려
앞뒤로 노릇하게 구워도 좋아요.

4 반죽을 작고 동그랗게 빚어
   에어프라이어에 넣고 올리브유
   스프레이를 뿌려 180℃도에서
   10분, 뒤집어서 10분간 더
   가열한다.

배추무침플레이트

배추는 수분이 많고 식이섬유가 풍부해 다이어트 할 때 자주 먹기 좋아요.
또 배추 속 비타민 C는 열을 가해도 손실률이 낮아서 살짝 데친 후 들깻가루와 무쳐내면
영양과 맛을 동시에 만족시켜요. 참, 배추무침은 데친 후 바로 무쳐서 먹는 게 가장 맛있어요.

- 알배기배추 140g
- 청양고추 1개
- 방울토마토 8개
- 현미밥 100g
- 두부 1/3모(100g)
- 김 2장
- 검은깨 약간
- 된장 1/2큰술
- 다진 마늘 1/3큰술
- 들깻가루 1큰술
- 들기름 1큰술

1 배추는 뿌리를 제거해 낱장으로 떼고, 고추는 얇게 송송 썬다.

2 배추는 끓는 물에 데쳐 물기를 짜고, 결대로 길게 찢는다.

두부를 따뜻하게 먹고 싶으면 끓는 물에 데쳐서 썰어요.

3 볼에 배추, 된장, 다진 마늘, 들깻가루, 들기름을 넣고 무쳐 배추된장무침을 만든다.

4 두부는 물에 헹궈 먹기 좋게 썰고, 김은 6등분한다.

밥을 주먹밥처럼 동그랗게 뭉쳐서 예쁘게 플레이팅 해요.

5 그릇에 배추된장무침, 현미밥, 두부, 김, 고추, 방울토마토를 둘러 담고 배추무침, 밥 위에 검은깨를 뿌린다.

된장크림파스타

된장크림이라니 정말 어울리지 않는 이름이죠?

하지만 한국 된장은 은근히 많은 음식에 곧잘 어울려요. 조미료가 없어도 감칠맛을 내주고 적당히 간을 해주거든요.

된장과 두유, 대파와 청양고추가 어우러진 퓨전 된장크림파스타를 수란이나 낫토 등과 함께 드세요.

Ready

- □ 통밀파스타 30g
  (탈리아텔레)
- □ 브로콜리 90g
- □ 대파 19cm(70g)
- □ 청양고추 1개
- □ 귀리우유 2/3컵
  (혹은 무가당두유)
- □ 저염된장 1/2큰술
  (혹은 일반 된장 1/3큰술)
- □ 올리브유 1/2큰술
- □ 소금 약간

1 브로콜리는 한입 크기로 썰고,
   대파, 청양고추는 잘게 썬다.

파스타는
포장지에 적힌 시간보다
1~2분 정도 덜 삶아요.

2 끓는 물에 소금을 넣고 파스타를
   5분간 삶아 건진다.

3 달군 팬에 올리브유를 두르고
   대파, 고추를 볶다가 대파 향이
   나면 브로콜리를 넣어 볶는다.

4 귀리우유, 파스타를 넣고
   중불에서 졸인다.

수란, 낫토를
곁들이면 잘
어울려요.

5 된장을 풀고 살짝 끓여 그릇에
   담는다.

렌틸콩양파크림카레 (2회 분량)

렌틸은 콩 중에서도 식물성 단백질 함량이 높아서 다이어터에겐 선물 같은 재료예요.

이국적인 카레에 렌틸콩을 넣어 카레 전문점에서 맛보았던 인생 카레를 재현했어요.

갈색이 될 때까지 충분히 볶은 양파, 맛의 포인트를 주는 땅콩버터,

그윽한 큐민가루와 두유를 넣어 부드럽고 크리미한 카레를 완성해봐요.

Ready

- ☐ 렌틸콩 1컵
- ☐ 양파 1개
- ☐ 쪽파 13cm(10g)
- ☐ 현미밥(100g)
- ☐ 무가당두유 1개(190ml)
- ☐ 땅콩버터 1큰술
- ☐ 카레가루 1½큰술
- ☐ 큐민가루 1/2큰술
- ☐ 코코넛오일 1큰술

1 렌틸콩은 헹궈서 따뜻한 물에
   담가 30분간 불린 다음,
   물기를 뺀다.

2 양파는 한입 크기로 썰고, 쪽파는
   잘게 썬다.

3 냄비에 코코넛오일, 양파를 넣고
   중불에서 노릇하게 볶는다.

땅콩버터는 100%
땅콩으로만 만든
'슈퍼너츠 땅콩버터'를
사용했어요.

4 믹서에 양파, 두유, 땅콩버터를
   넣고 간다.

5 냄비에 믹서에 간 재료, 렌틸콩,
   카레가루, 큐민가루를 넣어
   눌어붙지 않게 저어가며 끓인다.

달걀, 새우 등을
곁들여도 좋아요.

6 그릇에 밥을 담고 렌틸콩카레를
   올려 쪽파를 뿌린다.

낫토미역초덮밥

다이어트를 하면서 힘든 것 중에 하나가 변비인데, 낫토미역초덮밥은 먹고 나면
'변비 탈출'을 외칠 수 있는 효자 메뉴예요.
낫토로 식물성 단백질과 식이섬유를 챙기고 장의 안녕을 위해 미역초무침을 곁들여요.
만족스럽게 배부르고 새콤달콤한 맛에 기분까지 좋아진답니다.

□ 낫토 1팩
□ 건미역 8g
□ 양파 1/5개(30g)
□ 오이 1/4개(50g)
□ 잡곡밥 100g
□ 식초 1큰술
□ 낫토 팩 간장 1개
□ 들기름 1큰술
□ 검은깨 약간

1 건미역은 찬물에 10분간 담가 불린 다음, 물기를 꼭 짜서 먹기 좋게 썬다.

2 양파, 오이는 얇게 채 썰고, 낫토는 젓가락으로 휘저어 잘 섞는다.

미역초무침은 미리 많은 양을 만들어 밀프렙 해두면 편해요.

밥을 줄이고 두부를 곁들이거나 밥 대신 두부만 올려 저녁 식사로 먹어도 좋아요.

3 그릇에 미역, 양파, 오이, 식초, 낫토 팩 간장을 넣고 버무려 미역초무침을 만든다.

4 그릇에 밥, 미역초무침, 낫토를 올리고 들기름, 깨를 뿌린다.

콩비지버섯죽

소화가 잘되지 않거나 속이 차가울 때, 부드러운 음식이 당길 때는 죽이 생각나요.

그래서 다이어트 중에 밥 대신 콩비지와 오트밀을 넣고 죽을 끓였더니 훨씬 부드럽고 포만감 좋은 메뉴가 탄생했어요.

무와 대파, 버섯으로 낸 개운한 육수에 들깻가루로 구수함을 살린 한식으로 하루를 든든하게 시작하세요.

☐ 콩비지 70g
☐ 오트밀(퀵오트) 25g
☐ 무 150g
☐ 대파 15cm(40g)
☐ 참느타리버섯 1/2팩(70g)
☐ 들깻가루 2큰술
☐ 소금 약간
☐ 후춧가루 약간
☐ 물 1½컵

무는 얇게 썰면 더 빨리 익지만 식감을 위해 작게 깍둑 썰었어요.

1 무는 작은 한입 크기로 썰고, 대파는 송송 썰고, 버섯은 밑동을 제거해 손으로 찢는다.

2 냄비에 무, 대파, 버섯, 물을 넣고 무가 반투명해질 때까지 강불로 충분히 끓인다.

3 콩비지, 오트밀을 넣고 눌어붙지 않게 저어가며 끓인다.

4 들깻가루, 소금, 후춧가루를 넣어 간한다.

저염두부케일쌈밥

된장과 얼린 두부, 매운맛 채소로 단백질 함량을 높이고 나트륨을 줄인 다이어트용 쌈장을 만들었어요.
케일 위에 고슬고슬한 현미밥과 고소한 쌈장, 오독오독한 아몬드 한 개를 올려
돌돌 말아낸 쌈밥은 도시락 메뉴로도 좋아요.
케일은 물에 살짝 데쳐 사용하면 식감이 훨씬 부드러워요.

- ☐ 얼린 두부 1/2모(75g)
- ☐ 케일 14장
- ☐ 쪽파 15cm(15g)
- ☐ 청양고추 2개
- ☐ 현미밥 100g
- ☐ 아몬드 7개
- ☐ 된장 1/2큰술
- ☐ 들기름 1큰술
- ☐ 햄프시드 1/2큰술

1 얼린 두부는 해동해서 물기를 꼭 짜고 으깬다.

2 쪽파, 청양고추는 잘게 썬다.

케일 대신 호박잎을 사용해도 좋아요.

3 케일은 끓는 물에 살짝 데쳐 물기를 짠다.

4 그릇에 두부, 쪽파, 고추, 된장, 들기름, 햄프시드를 넣고 섞어 저염두부된장을 만든다.

5 케일 2장을 살짝 겹쳐 펼치고 밥, 저염두부된장, 아몬드 1개를 올려 동그랗게 말아낸다.

토마토템페파스타

템페, 생소한 재료이죠? 템페는 콩을 발효시켜 만든

인도네시아 대표 음식 중 하나로 100g당 단백질 19g을 함유한 고단백 식품이에요.

청국장이나 낫토처럼 발효 콩 특유의 향이 있지만 강하지 않고, 식감이 부드러워 마치 치즈 같기도 해요.

고단백 저탄수화물 메뉴라 저녁 식사로도 부담 없는 토마토템페파스타로 템페의 매력에 입문하세요.

Ready

- ☐ 라이트누들 1/2봉(75g)
- ☐ 템페 100g
- ☐ 양파 1/4개(50g)
- ☐ 배추김치 35g
- ☐ 토마토 1/4개(50g)
- ☐ 블랙올리브 2개
- ☐ 낫토 1팩(선택 재료)
- ☐ 토마토소스 1½큰술
- ☐ 파슬리가루 약간
- ☐ 올리브유 1/2큰술

일반 곤약면을 사용할 시 끓는 물에 데쳐 냄새를 제거해요.

1 누들은 체에 밭쳐 물기를 뺀다.

2 양파, 김치는 잘게 썰고, 토마토, 템페는 한입 크기로, 올리브는 동그란 모양을 살려 썬다.

3 달군 팬에 올리브유를 두르고 양파, 김치를 볶다가 토마토, 템페를 넣어 노릇하게 볶는다.

4 누들, 올리브, 토마토소스를 넣어 가볍게 볶는다.

5 그릇에 담아 파슬리가루를 뿌리고 낫토를 잘 섞어서 올린다.

들깨두부크림리소토

  아침 점심

뉴트리셔널 이스트는 채식주의자에게 치즈 대체품으로 유명한 영양효모예요.
음식에 치즈 대신 넣어 감칠맛을 살려주고 채식에서 부족한 비타민 B를 보충해줘요.
또 단백질까지 들어 있어 어떤 요리에도 소량씩 활용할 수 있죠.
뉴스트리셔널 이스트와 들깻가루로 든든하고 고소한 들깨두부크림리소토를 만들어보세요

- □ 잡곡밥 100g
- □ 연두부 100g
- □ 귀리우유 2/3컵
  (혹은 무가당두유)
- □ 양파 1/4개(50g)
- □ 새송이버섯 1개
- □ 청양고추 1개
- □ 깻잎 6장
- □ 들깻가루 1/2큰술
- □ 뉴트리셔널 이스트 1큰술
  (혹은 들깻가루 1/2큰술)
- □ 후춧가루 약간
- □ 코코넛오일 1/2큰술

1 양파, 버섯은 굵게 다지고,
   고추, 깻잎은 얇게 썬다.

2 달군 팬에 코코넛오일을 두르고
   양파, 고추를 볶다가 버섯을 넣어
   볶는다.

뉴트리셔널 이스트가 없다면
들깻가루 1/2큰술을 더 넣어요.
기호에 따라 소금을 약간 추가해도
좋아요. 토핑용 깻잎을 조금
남겨요.

3 귀리우유, 연두부, 밥을 넣고
   졸이듯 끓이다가 들깻가루,
   뉴트리셔널 이스트, 깻잎을
   넣고 고루 섞는다.

4 그릇에 담아 후춧가루를 뿌리고
   토핑용 깻잎을 올린다.

아몬드콩국수

고소한 콩국수가 먹고 싶을 때는 무가당두유와 아몬드, 두부를 갈아서 진한 **콩국물**을 만들어요.

재료를 더해 믹서에 갈면 되니 정말 간단하죠? 아몬드가 들어가 고소한 데다 곱게 갈린 두부가

진한 맛을 끌어내 정말 맛있어요. 우리는 조금 더 건강하게 통밀국수를 곁들여 시원하게 먹어볼까요?

☐ 통밀국수 50g
☐ 오이 1/5개(30g)
☐ 방울토마토 3개
☐ 아몬드 20개
☐ 무가당두유 1개(190ml)
☐ 두부 1/2모(150g)
☐ 소금 1/4큰술
☐ 검은깨 약간

1 오이는 채 썰고, 토마토는
   2등분한다.

2 믹서에 아몬드 15개, 두유,
   두부, 소금을 넣고 곱게 갈아
   아몬드콩국물을 만든다.

국수를 찬물에 빠르게
비벼가며 여러 번 헹궈야
면이 쫄깃하고 맛있어요.

3 국수는 끓는 물에 삶아 찬물에
   헹구고 체에 밭쳐 물기를 뺀다.

국수 대신 곤약면으로 대체하면
좀 더 가볍게 저녁 식사로 먹을 수 있어요.
곤약면은 끓는 물에 데쳐 특유의 향을
제거해요.

4 그릇에 국수를 담고 콩국물을
   부어 오이, 토마토, 검은깨,
   아몬드 5개를 토핑한다.

된장소스두부비빔밥

고소한 맛이 일품인 견과류의 왕 마카다미아와 한국 된장으로
건강하고 고소한 마카다미아된장소스를 만들었어요.
잡곡밥에 다양한 채소와 병아리콩, 두부를 토핑으로 얹고 맛의 화룡점정 된장소스로 쓱쓱 비벼보세요.
숟가락 가득 떠서 한입 먹으면 익숙하고 그리운 맛에 행복이 충만해질 거예요.
남은 소스는 샐러드드레싱으로 활용하세요.

Ready

- ☐ 잡곡밥 100g
- ☐ 양파 1/5개(40g)
- ☐ 두부 1/4모(75g)
- ☐ 청양고추 1개
- ☐ 배추김치 40g
- ☐ 삶은 병아리콩 50g
  (혹은 병아리콩통조림)
- ☐ 햄프시드 약간

마카다미아된장소스(3회 분량)
- ☐ 마카다미아 26개
- ☐ 두부 1/3모(100g)
- ☐ 검은깨 1/2큰술
- ☐ 된장 1/2큰술
- ☐ 올리브유 1큰술
- ☐ 레몬즙 1큰술
- ☐ 무가당두유 3큰술

남은 소스는 샐러드드레싱으로 활용해요.

1 믹서에 소스 재료를 넣고 곱게 갈아 마카다미아된장소스를 만든다.

2 양파는 얇게 채 썰고, 두부는 작은 한입 크기로, 고추, 김치는 잘게 썬다.

3 그릇에 밥, 양파, 고추, 김치, 두부, 병아리콩을 둘러 담고 소스를 올려 햄프시드를 뿌린다.

마낫토덮밥

낫토를 좋아하는 분, 건강한 한 끼를 원하는 분에게 마낫토덮밥을 추천해요.
마에 함유된 뮤신 성분은 위와 장에 좋을 뿐만 아니라 식이섬유가 풍부해 다이어트와 변비에도 효과적이에요.
또 함께 먹는 낫토에는 단백질과 칼슘이 풍부해요.
양파와 들기름으로 느끼함을 없앴으니 누구라도 부담 없이 먹을 수 있어요.

□ 마 100g
□ 낫토 1팩
□ 현미밥 100g
□ 쪽파 15cm(15g)
□ 양파 1/5개(30g)
□ 낫토팩 간장 약간
□ 들기름 1큰술
□ 검은깨 약간

1 마는 껍질을 벗겨 굵게 다지고,
쪽파는 잘게, 양파는 채 썬다.

2 낫토는 젓가락으로 휘저어 섞고,
그릇에 밥을 담는다.

3 밥 위에 양파를 펼치고 낫토 팩 간장,
들기름을 뿌린 다음, 낫토, 쪽파,
검은깨를 올린다.

카레맛베지누들

가벼운 저녁 메뉴를 고민한다면 카레맛베지누들을 추천해요.
밀가루나 쌀로 만든 면 대신 주키니호박과 팽이버섯을 면처럼 먹을 수 있는
저탄수화물&채식 레시피예요.
각종 채소의 식이섬유와 병아리콩의 단백질 덕분에 영양이 풍부하고,
감칠맛을 주는 향신료들이 다이어트에 지친 입맛을 깨워줘요.

□ 주키니호박 1/5개(100g)
□ 당근 1/5개(30g)
□ 양파 1/5개(50g)
□ 팽이버섯 60g
□ 삶은 병아리콩 50g
　 (혹은 병아리콩통조림)
□ 카레가루 1/3큰술
□ 바질가루 약간
□ 마늘가루 약간
□ 뉴트리셔널이스트 1큰술
□ 코코넛오일 1큰술

1　주키니는 채칼이나 회전채칼로
　 면처럼 길게 썬다.

2　당근, 양파는 길고 얇게 채 썰고,
　 팽이버섯은 밑동을 제거해
　 가닥가닥 뜯는다.

⫶ Mini's Tip ⫶

회전채칼은 주키니호박, 당근, 감자 등의 채소를 면 형태로 길게 뽑을 때 쓰는 도구로 '스파이럴라이저'라고 검색하면 다양한 브랜드의 제품을 볼 수 있어요. 채소를 채칼이나 칼로 길게 채 썰 때 보다 시판 면 제품처럼 균일한 두께로 길게 썰려 후루룩 먹는 재미를 줘요. 손잡이를 돌리기만 하면 면이 만들어지니 칼질하는 수고를 덜어 편리해요.

3　달군 팬에 코코넛오일을 두르고
　 양파, 당근을 볶다가 주키니면,
　 버섯, 병아리콩을 넣어 볶는다.

마늘가루(마늘플레이크)는 건조한 마늘을 작게 조각낸 제품으로 다진 마늘로 대체해도 좋아요.

4　카레가루, 바질가루, 마늘가루,
　 뉴트리셔널 이스트를 넣어 볶는다.

PART 6

요리 한 번으로 일주일이 편해지는

밀프렙

미니의 요리책 두 권으로 밀프렙을 알게 되었고, 이제는 밀프렙 예찬론자가 되었다는 분이 많아요.

한 번 만들 때 많이 만들어서 소분해두니 돈도 아끼고 간편한 데다

그만큼 살도 쭉쭉 빠져서 많은 분들의 사랑을 받는 거겠죠? 5회 이상 먹을 분량이라

재료 손질에 시간이 좀 걸리긴 하지만, 만들어둔 음식을 데우기만 하면 되니

귀찮거나 배고플 때 외식의 유혹을 쉽게 물리칠 수 있어요.

죽, 밥, 샐러드, 고기요리, 밥과 함께 먹는 반찬 등 매주 다른 요리로 맛있게 다이어트 하세요.

다이어트치밥 (5회 분량)

'단짠단짠'의 마법으로 끊임없이 먹게 되는 속세음식, 치밥(양념치킨&밥)이 당기는 날엔
참지 말고 이 메뉴에 도전해 봐요. 볶으면 맛과 영양이 좋아지는 토마토와 토마토소스로 맛의 베이스를 만들고,
고춧가루로 톡 쏘는 매콤함을, 대추야자시럽으로 달콤함을 더해요. 자극적인 듯하지만 자극적이지 않은 양념 맛이
치밥에 대한 욕구를 충족시켜줄 거예요.

□ 토마토 2개
□ 청양고추 3개
□ 완조리닭가슴살 420g
□ 미니새송이버섯 150g
□ 현미밥 450g
□ 토마토소스 3큰술
□ 고춧가루 1큰술
□ 대추야자시럽 2큰술
  (혹은 꿀, 알룰로스, 올리고당)
□ 올리브유 1큰술

1 토마토는 작은 한입 크기로 썰고,
   고추는 잘게 썰고, 닭가슴살,
   버섯은 결대로 찢는다.

2 달군 냄비에 올리브유를 두르고
   토마토, 고추를 볶다가 닭가슴살,
   버섯을 넣어 볶는다.

3 밥을 넣고 볶다가 토마토소스,
   고춧가루, 대추야자시럽을 넣어
   잘 섞어가며 볶는다.

4 내열용기 5개에 볶음밥을
   약 290g씩 소분한 다음, 1~2일 내
   먹을 것은 냉장실에, 이후에
   먹을 것은 냉동 보관한다.

게맛살달걀부추죽 (5회 분량)

달걀, 두부, 게맛살, 부추, 들기름…. 재료만 들어도 벌써 군침이 돌지 않나요?

쉽게 구할 수 있는 재료를 몽땅 넣어 끓여내면 죽 전문점의 건강죽 같은 맛을 낼 수 있어요.

한꺼번에 만들어두면 데우기만 하면 되니 편하고, 부드러워서 소화가 잘되니까 속도 편해요.

- ☐ 게맛살 5개
- ☐ 달걀 3개
- ☐ 두부 1모(300g)
- ☐ 잡곡밥 450g
- ☐ 당근 1개(250g)
- ☐ 대파 35cm(110g)
- ☐ 부추 120g
- ☐ 물 3컵
- ☐ 간장 3큰술
- ☐ 들기름 3큰술
- ☐ 올리브유 1큰술

당근은 채소다지기를
사용하면 편리해요.

1 당근은 곱게 다지고, 대파는 송송
썰고, 부추는 2cm 길이로 썬다.

2 게맛살은 비닐째 비벼 결대로
찢고, 두부는 성글게 으깬다.

3 달군 냄비에 올리브유를 두르고
대파를 볶다가 대파 향이 나면
당근을 넣어 볶는다.

4 두부, 밥, 게맛살, 물, 달걀을
넣고 눌어붙지 않게 저어가며
끓인다.

5 부추를 넣고 살짝 섞어 간장,
들기름으로 간한다.

6 내열용기 5개에 죽을 약 380g씩
소분한 다음, 1~2일 내 먹을 것은
냉장실에, 이후에 먹을 것은
냉동 보관한다.

감자달걀샐러드 (5회 분량)

어렸을 때도, 지금도 너무나 좋아하는 으깬 감자샐러드.

살찔까 봐 마음껏 먹지 못하니까 좀 더 가볍고 건강하게 만들었어요.

삶은 감자와 달걀에 게맛살로 맛을 더하고, 마요네즈는 과감하게 빼는 대신,

당분 없는 머스터드로 깔끔함을 살렸죠. 많이 만들어서 다양한 음식에 활용해보세요.

- ☐ 감자 5개(500g)
- ☐ 달걀 10개
- ☐ 게맛살 4개
- ☐ 당근 1/2개(100g)
- ☐ 양파 1/2개(150g)
- ☐ 청양고추 2개
- ☐ 옐로머스터드 5큰술
- ☐ 파슬리가루 약간
- ☐ 식초 1/2큰술
- ☐ 소금 1/2큰술

1 감자는 껍질째 삶아 껍질을 벗긴다.

2 달걀은 식초, 소금을 넣은 물에 넣어 10분 이상 완숙으로 삶고, 찬물에 담갔다가 껍질을 벗긴다.

3 큰 볼에 감자, 달걀을 넣어 포크나 매셔로 으깬다.

채소다지기를 쓰면 편리해요.

4 게맛살은 잘게 썰고, 당근, 양파, 고추는 잘게 다진다.

5 다진 감자와 달걀에 다진 채소, 게맛살, 머스터드, 파슬리가루를 넣고 잘 섞는다.

통밀 크래커나 통밀식빵 등에 발라 점심 식사로 먹어도 좋아요.

6 내열용기 5개에 샐러드를 약 280g씩 소분한 다음, 1~2일 내 먹을 것은 냉장실에, 이후에 먹을 것은 냉동 보관한다.

닭가슴살오렌지살사샐러드 (5회 분량)

상큼하고 수분감이 가득한 샐러드가 먹고 싶다면 닭가슴살과 오렌지를 함께 요리해요.

오렌지만으로도 청량한데 아삭한 채소를 듬뿍 넣었더니 알록달록한 색감도 즐겁고,

여러 가지 맛이 만들어내는 하나의 맛이 새로워요. 통밀식빵이나 토르티야와 곁들여 점심 식사로 먹어도 좋아요.

Ready

- ☐ 완조리닭가슴살 420g
- ☐ 오렌지 2개(290g)
- ☐ 토마토 1개(190g)
- ☐ 노란파프리카 2/3개(100g)
- ☐ 블랙올리브 5개
- ☐ 오이 1개
- ☐ 청양고추3개
- ☐ 고수(혹은 깻잎) 10g
- ☐ 후춧가루 약간
- ☐ 레몬즙 2큰술
- ☐ 소금 1/3큰술
- ☐ 올리브유 3큰술

1 오이는 반 갈라 씨를 제거하여 작은 한입 크기로 썰고, 고추, 고수는 잘게 썬다.

2 오렌지, 토마토, 파프리카는 작은 한입 크기로 썰고, 올리브는 동그란 모양을 살려 썬다.

3 닭가슴살은 결대로 찢는다.

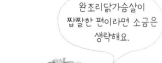

완조리닭가슴살이 짭짤한 편이라면 소금은 생략해요.

4 볼에 채소, 과일, 닭가슴살, 후춧가루, 레몬즙, 소금, 올리브유를 넣고 고루 섞는다.

일 인분씩 덜어서 통밀 크래커나 통밀식빵에 곁들여 먹어도 좋아요.

5 큰 통에 담아 냉장 보관하고 4~5일 내로 먹는다.

3색후무스 <small>(5~6회 분량)</small>

병아리콩은 콩 중에 단백질 함량이 높고, 콩 특유의 비린 맛이 없어 콩을 싫어하는 사람도 부담 없이 먹을 수 있어요.
병아리콩을 삶아 후무스를 만들면 채소스틱을 찍어 먹는 스프레드로, 샌드위치 속 필링으로 요긴해요.
다양한 가루와 채소로 나만의 3색후무스를 만들어봐요.

- □ 삶은 병아리콩 3컵(360g)
  (혹은 병아리콩통조림)
- □ 비트가루 1/4큰술
- □ 검은깨 2큰술
- □ 참깨 3큰술
- □ 마늘 1개
- □ 올리브유 5큰술
- □ 큐민가루 1/3큰술
- □ 땅콩버터 1큰술
- □ 레몬즙 1큰술
- □ 귀리우유 1/2컵
  (혹은 무가당두유)

1 마른 팬에 참깨를 넣고 약불에서 갈색이 될 때까지 볶는다.

2 믹서에 병아리콩, 참깨, 마늘, 올리브유, 큐민가루, 땅콩버터, 레몬즙을 넣고 귀리우유를 조금씩 넣어가며 곱게 간다.

비트가루를 넣고 믹서로 갈면 더 빨리 고르게 잘 섞어요.

3 후무스를 3등분해 1/3 분량에만 비트가루를 넣고 잘 섞어서 비트 후무스를 만든다.

남은 후무스 1/3 분량은 오리지널후무스예요.

4 나머지 1/3 분량에 검은깨를 넣고 갈아 흑임자후무스를 만든다.

채소스틱을 찍어 먹거나 샌드위치 필링, 빵에 발라 먹는 스프레드로 활용해요.

5 용기 5개에 후무스를 약 260g씩 소분한 다음, 2~3일 내 먹을 것은 냉장실에, 이후에 먹을 것은 냉동 보관한다.

토마토마파두부 (5회 분량)

아침 점심

다이어트 중에 중식당에 가면 간이 세긴 하지만 그나마 고단백 요리인 마파두부를 주문해요.

집에서 만들 때는 두부와 돼지고기로 동·식물성 단백질을 듬뿍 채우고 나트륨을 줄여 더 건강하게 조리해요.

토마토의 단맛과 고춧가루의 칼칼함을 더해 보글보글 끓여내면 뜨끈한 기운에 몸이 확 풀려요.

Ready

- 두부 1모(300g)
- 다진 돼지고기 400g
  (뒷다리살, 안심 등 살코기)
- 양파 1개(250g)
- 대파 17cm(60g)
- 쪽파 13cm(10g)
- 토마토소스 4큰술
- 굴소스 2큰술
- 청양고춧가루 1½큰술
- 다진 마늘 1큰술
- 알룰로스 2큰술
  (혹은 올리고당, 꿀)
- 물 2½컵
- 올리브유 1큰술

1 양파는 채 썰어 다시 반으로 썰고,
대파, 쪽파는 잘게 썰고,
두부는 작은 한입 크기로 썬다.

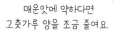
매운맛에 약하다면
고춧가루 양을 조금 줄여요.

2 토마토소스, 굴소스, 고춧가루,
마늘, 알룰로스, 물 1/2컵을 섞어
소스를 만든다.

3 달군 냄비에 올리브유를 두르고
대파, 양파를 볶는다.

4 다진 돼지고기를 넣고 볶다가
소스, 물 2컵, 두부를 넣고
15분 정도 졸이듯 푹 끓인다.

용기에 담고
쪽파를 뿌려요.

5 내열용기 5개에 마파두부를
약 245g씩 소분한 다음, 1~2일 내
먹을 것은 냉장실에, 이후에
먹을 것은 냉동 보관하고 먹을 때
현미밥 100g을 곁들인다.

당근비트라페 (6~7회 분량)

당근과 비트, 두 가지 뿌리채소로 상큼하게 만든 당근비트라페.

이 메뉴는 맛과 활용성으로 인기몰이 중인 당근라페를 응용해서 만들었어요.

몸에는 좋지만 어떻게 활용해야 할지 몰랐던 비트를 당근과 함께 샐러드로 만드니

샌드위치에 곁들이고 피클 대신 먹을 수 있어서 여러모로 편리해요.

Ready

☐ 당근 2개(380g)
☐ 비트 1/2개(100g)
☐ 올리브유 3큰술
☐ 레몬즙 6큰술
☐ 알룰로스 2큰술
  (혹은 꿀, 올리고당)
☐ 허브솔트 2/3큰술
☐ 후춧가루 약간

채칼을 사용하면 편리해요.
비트는 껍질째 먹으면 더 많은
영양을 섭취할 수 있어요.

1   비트는 껍질을 벗겨 얇게
     채 썰고, 당근도 얇게 채 썬다.

2   큰 볼에 당근, 비트, 올리브유,
     레몬즙, 알룰로스, 허브솔트,
     후춧가루를 넣고 잘 버무린다.

냉장 보관해
차갑게 먹어야 맛있어요.
166쪽 통에그샌드위치의
필링으로 사용했어요.

3   냉장실에 최대 일주일간 보관해
     샌드위치 필링으로 활용하거나
     김치, 피클 등을 대신해 곁들인다.

닭가슴살크로켓 _(5회 분량)

아침 점심 저녁

생닭가슴살로 시판 크로켓 못지않은 맛의 닭가슴살크로켓을 만들어볼게요.

지방이 적은 닭가슴살과 통밀식빵, 아몬드, 향신채소 등을 갈아서 납작한 패티처럼 만들어 구웠어요.

소스가 없어도 맛있는 데다 기름기도 적어 마음의 불편함도, 뱃속의 불편함도 없어요.

- □ 생닭가슴살 3~4조각(450g)
- □ 통밀식빵 4장
- □ 달걀 2개
- □ 마늘 4개
- □ 청양고추 3개
- □ 당근 1/2개(105g)
- □ 아몬드 24개
- □ 깻잎 5장
- □ 올리브유 스프레이 약간

1 생닭가슴살은 곱게 다진다.

2 식빵은 믹서로 곱게 갈아 덜어둔다.

3 믹서에 마늘, 청양고추, 당근, 아몬드를 넣고 다지다가 깻잎을 넣어 다진다.

4 다진 채소에 빵가루의 절반, 달걀을 섞어 반죽해 5등분하고, 반죽을 둥글납작하게 빚어 겉면에 나머지 빵가루를 입힌다.

달군 팬에 올리브유를 두르고 반죽을 조금 더 납작하게 빚어 올려 앞뒤로 노릇하게 구워도 좋아요.

5 에어프라이어에 넣고 올리브유 스프레이를 뿌려 200℃에서 10분, 뒤집어 10분간 더 굽는다.

옐로머스터드, 스리라차소스, 돈가스소스 등을 소량 찍어 먹어요.

6 1~2일 내 먹을 것은 냉장실에, 이후에 먹을 것은 냉동 보관하고 에어프라이어로 데워 1개씩 먹는다.

페스토치즈볶음밥 (5회 분량)

평범한 볶음밥이 향긋한 바질페스토 한 숟가락으로 업그레이드됐어요.

보드라운 스크램블드에그와 베이컨이 맛을 단단하게 잡아주고 브로콜리, 청양고추, 마늘이 감칠맛을 살려줘

맛이 고급스러워요. 먹기 직전에 피자치즈를 뿌리고 전자레인지로 가열해 먹으면 갓 만든 것처럼 맛있어요.

□ 달걀 4개
□ 현미밥 450g
□ 베이컨 200g
□ 브로콜리 180g
□ 청양고추 4개
□ 마늘 4개
□ 바질페스토 2큰술
□ 후춧가루 약간
□ 피자치즈 60g
□ 올리브유 2½큰술

1 베이컨, 브로콜리는 작은 한입
   크기로 썰고, 고추는 잘게,
   마늘은 편 썬다.

2 달걀은 잘 풀고, 달군 팬에
   올리브유 1/2큰술을 둘러
   달걀물을 부은 다음, 중불에서
   젓가락으로 휘저어가며
   스크램블드에그를 만든다.

3 달군 냄비에 올리브유 2큰술을
   두르고 마늘, 고추를 볶다가
   브로콜리, 베이컨, 밥을 넣어
   볶는다.

4 스크램블드에그, 바질페스토,
   후춧가루를 넣어 살짝 볶는다.

5 내열용기 5개에 볶음밥을
   약 210g씩 소분해 치즈를 뿌린 다음,
   1~2일 내 먹을 것은 냉장실에,
   이후에 먹을 것은 냉동 보관한다.

소고기배추오트밀죽 (5회 분량)

몸에 좋은 비정제 탄수화물을 손쉽게 섭취할 수 있는 오트밀과
단백질을 보충하는 지방 적은 소고기로 부드러운 죽을 만들었어요.
열을 가해도 비타민 손실이 적은 배추와 비타민이 듬뿍 든 파프리카,
들깻가루와 들기름으로 고소함을 더했으니 맛도 영양도 모자람이 없어요.

□ 소고기(홍두깨살) 500g
□ 오트밀(퀵오트) 170g
□ 청양고추 3개
□ 빨간파프리카 2/3개(80g)
□ 노란파프리카 2/3개(80g)
□ 알배기배추 300g
□ 들기름 3큰술
□ 허브솔트 1/2큰술
□ 들깻가루 3큰술
□ 물 4½컵
□ 올리브유 1큰술

1　청양고추, 파프리카는 잘게 썰고, 배추는 낱장으로 떼어 한입 크기로 썬다.

지방이 적은 홍두깨살, 우둔살 등을 사용해요.

2　소고기는 굵게 다진다.

3　달군 냄비에 올리브유를 두르고 고추, 배추, 파프리카, 소고기를 넣어 볶는다.

4　오트밀, 물을 넣고 눌어붙지 않게 저어가며 꾸덕꾸덕해질 때까지 끓인다.

5　불을 끄고 들기름, 허브솔트, 들깻가루를 넣어 섞는다.

6　내열용기 5개에 죽을 약 320g씩 소분한 다음, 1~2일 내 먹을 것은 냉장실에, 이후에 먹을 것은 냉동 보관한다.

에그게맛살샐러드 (3회 분량)

만들기 어렵진 않지만 은근히 손이 많이 가는 샐러드.

하지만 샐러드도 재료를 바꾸면 많은 양을 밀프렙 해서 간편하게 즐길 수 있어요.

달걀과 게맛살로 단백질을, 밤호박으로 탄수화물을, 신선한 채소로 식이섬유를 섭취할 수 있어요.

올리브로 간을 맞춘 샐러드로 시간을 절약하세요.

- □ 달걀 6개
- □ 밤호박 1개(300g)
- □ 게맛살 6개
- □ 블랙올리브 9개
- □ 방울토마토30개
- □ 청상추 15장
- □ 식초 1/2큰술
- □ 소금 1/2큰술

1 상추는 물기를 털고 한입 크기로 썬다.

2 달걀은 식초, 소금을 넣은 물에 넣어 10분 이상 완숙으로 삶고, 찬물에 담갔다가 껍질을 벗긴다.

3 밤호박은 속을 파내어 껍질째 한입 크기로 썰고, 에어프라이어 200℃에서 10분간 굽는다.

4 게맛살은 작은 한입 크기로, 올리브는 동그란 모양을 살려 썬다.

식이섬유→단백질→탄수화물 순으로 먹으면 혈당관리에도 포만감에도 좋아요.

올리브유 베이스의 시판 드레싱 1큰술을 곁들여도 좋아요.

천원숍, 대형마트 등에서 파는 에그슬라이서를 쓰면 편리해요.

5 삶은 달걀은 동그란 모양을 살려 얇게 썬다.

6 밀폐용기에 단호박→달걀→ 게맛살→올리브→상추→토마토 순으로 올리고 뚜껑을 닫아 냉장 보관하여 3일 이내에 먹는다.

저염달걀버섯장조림 (6회 분량)

한국인의 밥도둑 달걀장조림이면 한식 밀프렙이 가능해요.

짭짤한 일반 달걀장조림보다 싱겁게 간하고, 버섯과 채소를 듬뿍 넣어 육수가 우러날 때까지 끓여요.

양파즙을 넣으면 더 빠르고 손쉽게 진한 맛을 낼 수 있으니 꼭 넣어주세요.

초간편 한식 메뉴로 한 번에 여섯 끼를 준비하면 든든할 거예요.

- ☐ 달걀 12개
- ☐ 미니새송이버섯 200g
- ☐ 무 300g
- ☐ 대파 20cm(75g)
- ☐ 청양고추 3개
- ☐ 마늘 7개
- ☐ 물 3컵
- ☐ 양파즙 2팩(200ml)
- ☐ 간장 4큰술
- ☐ 알룰로스 2큰술
  (혹은 꿀)
- ☐ 소금 1/2큰술
- ☐ 식초 1/2큰술

1 달걀은 식초, 소금을 넣은 물에 넣어 10분 이상 완숙으로 삶고, 찬물에 담갔다가 껍질을 벗긴다.

2 버섯은 결대로 찢고, 무는 깍둑 썰고, 대파, 고추는 한입 크기로 썬다.

양파즙이 없다면 양파 1/2개를 넣고 푹 끓여내요.

3 냄비에 무, 마늘, 버섯, 고추, 양파즙, 물을 넣고 푹 끓이다가 간장, 알룰로스, 대파, 달걀을 넣어 10분 이상 푹 졸인다.

4 완전히 식혀서 2~3일 내 먹을 것은 냉장실에, 이후에 먹을 것은 냉동 보관하고, 한 끼에 달걀 2개, 버섯, 잡곡밥 100g, 다양한 채소를 곁들인다.

오리콜리플라워웜샐러드 (5회 분량)

이 요리에는 다양한 식감이 존재해요. 쫄깃한 훈제오리, 부드러운 스크램블드에그, 톡톡 터지는 옥수수,
쫀득한 맛이 밥과 비슷한 저탄수화물 식품 콜리플라워라이스, 아삭한 양배추와 고추 등 다양한 맛과
식감이 모여 씹을 때마다 입안에 파티가 열려요. 고기와 채소의 조합으로 먹고 나면 정말 든든해요.

Ready

- ☐ 훈제오리 450g
- ☐ 달걀 3개
- ☐ 양파 1/2개(120g)
- ☐ 청양고추 3개
- ☐ 양배추 200g
- ☐ 냉동콜리플라워라이스 200g
  (혹은 잘게 다진 브로콜리)
- ☐ 유기농옥수수통조림 5큰술
- ☐ 후춧가루 약간
- ☐ 올리브유 1⅓큰술

1 양파, 청양고추는 잘게 썰고, 양배추는 한입 크기로 썬다.

2 달걀은 잘 풀고, 달군 팬에 올리브유 1/3큰술을 둘러 달걀물을 부은 다음, 중불에서 젓가락으로 달걀을 휘저어가며 스크램블드에그를 만든다.

3 오리고기는 끓는 물에 데쳐 한입 크기로 썬다.

콜리플라워라이스는 대형마트나 온라인몰에서 구입해 냉동 상태로 사용해요. 없다면 브로콜리를 잘게 썰어 넣어도 좋아요.

4 달군냄비에 올리브유 1큰술을 둘러 양파, 고추, 콜리플라워라이스, 양배추, 옥수수를 넣어 볶는다.

5 불을 끄고 스크램블드에그, 후춧가루를 넣고 잘 섞는다.

6 내열용기 5개에 샐러드를 약 230g씩 소분한 다음, 1~2일 내 먹을 것은 냉장실에, 이후에 먹을 것은 냉동 보관한다.

폭식과 입터짐을 막아주는

간식

다이어트 한다고 밥만 먹고 살 수 있나요. 다이어트 중에도 달콤한 디저트를 먹을 수 있도록,
출출한 시간에 기분 좋게 요기할 수 있도록, 식탐이 많아지는 생리 전후에 폭식을 막을 수 있도록
다양한 간식을 준비했어요. 쿠키, 브라우니, 빵, 파이 같은 베이커리류와 다양하게 활용할 수 있는
견과류스프레드, 채소칩, 아이스크림, 단백질이 빵빵한 프로틴바 등
다이어터에게 먹는 즐거움과 에너지를 주는 메뉴가 가득해요.
요리 초보자도 어렵지 않게 만들 수 있는 초간단 레시피이니 모두 성공하실 거예요.

뮤즐리스쿱쿠키

미니의 SNS를 통해 유명해진 뮤즐리스쿱쿠키는 한번 먹으면 자꾸 생각날 만큼 매력적이에요.

바나나와 뮤즐리 속 건과일이 은은하게 단맛을 내고, 겉은 바삭하고 속은 쫄깃해서 먹는 내내 씹는 즐거움을 줘요.

만들기 쉽고 건강에도 좋으니까 꼭 도전해보세요.

Ready

- ☐ 바나나 1개
- ☐ 뮤즐리 2컵(120g)
- ☐ 통밀가루 1큰술
- ☐ 달걀 1개
- ☐ 물 2큰술
- ☐ 땅콩버터 1큰술
- ☐ 올리브유 스프레이 적당량

1 바나나는 껍질을 벗겨 포크로
으깬다.

> 뮤즐리가 없다면 오트밀, 건과일,
> 견과류를 섞어 만들고, 바나나 향이
> 싫다면 고구마나 단호박을 으깨
> 만들어도 좋아요.

2 으깬 바나나에 뮤즐리, 통밀가루,
달걀, 물을 넣고 섞다가
땅콩버터를 섞는다.

3 에어프라이어에 종이포일을
깔고 올리브유 스프레이를
2~3회 정도 뿌린다.

> 아이스크림 스쿱이
> 없다면 숟가락으로 반죽을
> 동그랗게 올려도
> 좋아요.

4 아이스크림 스쿱으로 반죽을 떠
종이포일 위에 얹는다.

> 전자레인지로
> 3분 정도 가열해도 되지만,
> 식감이 쿠키보다 빵에
> 가까워져요.

5 에어프라이어 170℃에서 10분,
뒤집어 7분간 더 가열한다.

머그컵브라우니 (2회분량)

화장실을 잘 가도록 돕는 똑똑한 초코 디저트를 소개해요.

밀가루 대신 고소한 오트밀과 식이섬유, 폴리페놀, 비타민 A, C, E가 풍부한 서양자두 푸룬으로 만든

미니표 초코브라우니예요. 꾸덕꾸덕한 식감과 자연스러운 단맛이 정말 매력적이랍니다.

간편하게 전자레인지로 후다닥 만들어서 과일을 토핑하고 그릭요거트를 곁들이면 시판 초코 디저트가 부럽지 않아요.

□ 오트밀(퀵오트) 30g
□ 달걀 2개
□ 땅콩버터 1큰술
□ 카카오가루 2큰술
□ 카카오닙스 1큰술
□ 타이거너트가루 1큰술
□ 저지방우유 1/3컵
　(혹은 무가당두유)
□ 푸룬 10개
□ 딸기 1개
□ 그릭요거트 1큰술
□ 올리브유 약간

1 푸룬은 잘게 썰고, 딸기는 꼭지를 떼지 않고 세로로 2등분한다.

토핑용 카카오닙스를 조금 남겨요.

2 볼에 오트밀, 달걀, 땅콩버터, 카카오가루, 카카오닙스, 타이거너트가루, 우유, 푸룬을 넣고 잘 섞어 반죽을 만든다.

밑면이 둥근 컵을 써야 완성 후 깔끔하게 분리돼요. 컵의 2/3 정도의 양만 담아야 가열 시 넘치지 않아요.

3 머그컵에 올리브유를 바르고 반죽을 컵의 2/3 높이까지 담은 다음, 바닥에 두세 번 쳐서 공기를 뺀다.

4 반죽을 전자레인지로 2분간 가열하고, 잠시 식혀 2분간 더 가열해 접시에 뒤집어 올린 다음, 요거트를 바르고 딸기, 카카오닙스를 토핑한다.

구운연근칩

간식

비타민과 식이섬유가 풍부한 연근은 아삭한 식감이 좋은 뿌리채소예요.
건강한 연근에 훈제 향을 내는 훈제파프리카가루, 허브솔트, 오일 약간을 더해 구우면
입이 심심할 때마다 맛있게 먹을 수 있는 연근칩이 완성돼요.
연근을 싫어하던 사람조차 바삭하고 쫄깃한 식감에 반할 맛이에요.

☐ 자숙연근 150g
☐ 훈제파프리카가루 1/3큰술
　(혹은 카레가루)
☐ 허브솔트 1/5큰술
☐ 트러플오일 1/3큰술
　(혹은 올리브유)

생연근은 껍질을 벗기고 0.5cm
두께로 썬 다음, 식초 약간을 넣은
물에 15분간 담가 물기를 빼고
사용해요.

1 자숙연근은 흐르는 물에 헹구고
물에 15~20분 정도 담가 물기를
뺀다.

훈제파프리카가루가 없다면
카레가루를 넣거나 허브솔트
1/5큰술을 추가해도 좋아요.

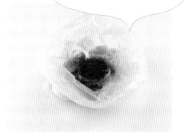

2 위생봉투에 연근, 파프리카가루,
허브솔트, 트러플오일을 넣고
고루 흔든다.

3 에어프라이어 160℃에서 10분,
뒤집어 10분간 더 굽고 망에 밭쳐
식힌다.

저탄수사과파이

사과, 땅콩버터, 그릭요거트의 조합이면 요거트에 다 섞어 먹을 거라고 생각하셨죠?

우리는 같은 재료라도 더 예쁘고 맛있게, 새롭게 즐겨요.

상큼한 사과를 큼직하게 썰어 고소한 땅콩버터를 바르고 그릭요거트와 견과류를 올리면

손님 초대용 핑거푸드로 손색없을 만큼 예쁘고 포만감 좋은 저탄수사과파이가 완성돼요.

Ready

- ☐ 사과 1/3개(130g)
- ☐ 땅콩버터 1큰술
- ☐ 그릭요거트 1큰술
- ☐ 마카다미아 17개
- ☐ 피칸 12개
- ☐ 건과일 25g
- ☐ 카카오닙스 1/2큰술
- ☐ 햄프시드 1/2큰술
- ☐ 시나몬가루 약간

1 사과는 씨가 가운데 위치하도록 동그란 모양을 살려 0.7cm 두께로 4조각을 썬다.

2 사과 2조각에는 땅콩버터를, 나머지 2조각에는 그릭요거트를 펴 바른다.

3 견과류, 건과일, 카카오닙스 등을 취향껏 골고루 토핑한다.

4 햄프시드, 시나몬가루를 뿌린다.

초간단마늘빵 (4~5회분량)

마늘빵을 좋아한다면 이 메뉴는 꼭 만들어야 해요! 시판 마늘빵보다 훨씬 건강하고 맛있거든요.
저는 마늘바게트의 바삭바삭하고 노릇노릇한 겉면을 좋아하는데요.
통밀크래커 위에 마늘스프레드를 발라서 구우니 모든 면이 바삭바삭해져서
가장 맛있는 부분을 전체로 즐길 수 있어요.

- □ 통밀크래커 80g
- □ 피자치즈 30g
- □ 무염버터 5g
- □ 다진 마늘 3큰술
- □ 식물성마요네즈 1큰술
- □ 꿀 1/2큰술
- □ 파슬리가루 1/2큰술

1 무염버터는 전자레인지로
   20초간 가열해 녹인다.

2 녹인 무염버터에 다진 마늘,
   마요네즈, 꿀, 파슬리가루를
   넣고 섞는다.

3 통밀크래커 위에 펴 바르고
   피자치즈를 올린다.

전자레인지 사용 시
1분 30초간 가열해요.

4 에어프라이어 180℃에서 7분간
   가열한다.

에그낫토스프레드 #에그큰일나또

이 레시피로 진입장벽이 높은 낫토에 입문했다는 분들이 정말 많아요.

SNS용 요리 이름도 귀여운 #에그큰일나또! 간식으로 가볍게 먹을 땐 셀러리 같은 스틱채소를 곁들여 찍어 먹고,

든든하게 식사로 먹을 땐 달걀을 하나 더 넣어 통밀과자를 곁들이거나 샌드위치 필링으로 활용해요.

□ 달걀 1개
□ 낫토 1팩
□ 양파 1/6개(30g)
□ 파프리카 1/4개(30g)
□ 셀러리 40cm(90g)
□ 옐로머스터드 2/3큰술
□ 식물성마요네즈 1큰술
□ 후춧가루 약간
□ 식초 1/2큰술
□ 소금 1/2큰술

셀러리 줄기의 두꺼운 부분은 길게 반 갈라 먹기 좋게 썰어요.

1 양파, 파프리카는 잘게 썰고, 셀러리는 7cm 길이로 썬다.

2 달걀은 식초, 소금을 넣은 물에 넣어 10분 이상 완숙으로 삶고, 찬물에 담갔다가 껍질을 벗긴다.

3 삶은 달걀은 포크로 으깨고, 낫토는 젓가락으로 충분히 휘젓는다.

4 그릇에 삶은 달걀, 낫토, 양파, 파프리카, 머스터드, 마요네즈를 넣고 잘 섞는다.

5 그릇에 담아 후춧가루를 뿌리고 셀러리를 곁들인다.

그릭요거트과일샌드 (2회 분량)

한때 일본과 한국 카페에서 유행했던 생크림 가득 든 프루트샌드(후르츠샌드).

한입 가득 베어 무는 순간, 사르르 녹는 부드러움과 톡 터지는 상큼함에 마음이 몽글몽글해지지 않나요?

저는 생크림 대신 그릭요거트를 넣어 건강하고 가볍게 만들었어요.

우리 과일샌드 한 조각으로 다 같이 행복해져요.

□ 통밀식빵 2장
□ 그릭요거트 100g
□ 딸기 2개
□ 키위 1/2개
□ 오렌지 1/4개

키위는 과육보다
껍질에 식이섬유와
엽산이 풍부해요.

1 딸기는 꼭지를 떼고, 키위는 껍질째
위아래 부분만 제거해 세로로
2등분하고, 오렌지는 껍질을
벗겨 낱개로 분리한다.

2 식빵은 테두리 부분을 칼로 썰어
제거한다.

23쪽 샌드위치
포장법을 참고해요.

3 식빵 1개의 한쪽 면에 요거트의
절반 분량을 바르고, 딸기, 키위,
오렌지를 올린다.

4 나머지 식빵에 남은 요거트를
발라 토핑한 식빵을 덮고
매직랩으로 포장해 2등분한다.

아몬드스프레드 (8~10회 분량)

  간식

아몬드에는 몸에 좋은 불포화지방산이 풍부해서 감량기에도 하루 한 줌은 필수예요.
그냥 먹어도 고소한 맛이 좋고 오독오독한 식감이 기분 전환을 돕는 고마운 식품이죠.
저는 여기저기 활용할 수 있도록 아몬드를 갈아서 스프레드를 만들어 봤어요.
그냥 먹는 것보다 훨씬 더 고소하고, 파는 것보다 저렴하게 만들어봐요.

Ready

☐ 아몬드 2컵(200g)
☐ 귀리우유 2큰술
　　(혹은 아몬드음료, 무가당두유)
☐ 올리브유 3큰술
☐ 꿀 1큰술
☐ 소금 1/3큰술

아몬드스프레드를 활용한 246쪽 아몬드그릭삼색토스트를 참고해요.

1　믹서에 아몬드, 귀리우유, 올리브유, 꿀, 소금을 넣고 곱게 간다.

2　병에 담아 일주일간 냉장실에 보관하고, 토스트나 요거트볼에 곁들인다.

아몬드그릭삼색토스트

고소하고 달콤한 홈메이드 아몬드스프레드, 쫀쫀한 식감에
상큼한 맛을 지닌 그릭요거트로 알록달록한 토스트를 완성했어요.
스프레드에 비트가루를 더하면 스프레드 하나로 두 가지 색을 내고
영양도 보완할 수 있어요. 한입 베어 물 때마다 다른 맛의 스프레드를 즐겨보세요.

□ 통밀식빵 1장
□ 아몬드스프레드 50g
　(244쪽 참고)
□ 비트가루 1/4큰술
□ 그릭요거트 25g

1 마른 팬에 식빵을 앞뒤로
노릇하게 굽는다.

2 아몬드스프레드 절반 분량에
비트가루를 섞어 비트스프레드를
만든다.

3 아몬드스프레드, 비트스프레드,
그릭요거트를 조금씩 떠서
식빵 위에 교차하며 바른다.

낫토마토 #나또마또

  아침 저녁 간식

낫토와 참치로 동·식물성 단백질을 골고루 채우고, 토마토와 발사믹드레싱으로 풍부한 맛을 낸 낫토마토예요.
낫토와 참치의 풍부한 단백질 덕분에 기분 좋게 배가 불러 아침, 저녁, 간식으로 언제든 먹기 좋아요.
통밀크래커를 곁들여 든든하고 맛있게 즐기세요.

Ready

- ☐ 낫토 1팩
- ☐ 참치통조림 50g
- ☐ 방울토마토 5개
- ☐ 양파 1/5개(30g)
- ☐ 블랙올리브 2개
- ☐ 시판 발사믹드레싱 2/3큰술
- ☐ 통밀크래커 3개

1 토마토는 4등분하고, 양파는 잘게 썰고, 올리브는 동그란 모양을 살려 썬다.

더 가볍게 먹고 싶다면 참치를 체에 밭쳐 데치듯이 끓는 물을 붓고, 숟가락으로 눌러가며 기름을 제거해요.

2 참치는 숟가락으로 눌러가며 기름을 쫙 뺀다.

3 낫토는 젓가락으로 충분히 휘젓는다.

4 볼에 토마토, 양파, 올리브, 참치, 낫토, 발사믹드레싱을 넣고 잘 섞는다.

5 통밀크래커를 곁들인다.

오트밀고구마핫케이크 (2인분)

주말 아침, 느지막이 일어나 오트밀고구마핫케이크로 여유로운 홈 브런치를 즐겨보세요.

밀가루 없이 오트밀과 고구마로 반죽하니까 살 찔 부담이 적고 속이 편해요.

여기에 새콤달콤한 과일을 토핑 하면 카페 브런치가 부럽지 않을 만큼 맛있답니다.

미리 구워두면 바쁜 아침에 한 조각씩 챙겨 나가기도 좋아요.

Ready

- ☐ 오트밀(퀵오트) 30g
- ☐ 고구마 1개(180g)
- ☐ 달걀 2개
- ☐ 블루베리 11개
- ☐ 딸기 1개
- ☐ 대추야자시럽 1큰술
  (혹은 알룰로스)
- ☐ 시나몬가루 약간
- ☐ 코코넛오일 1큰술
  (혹은 올리브유)

> 저는 키우고 있는 허브 중에 타임 줄기를 토핑으로 썼어요.

1 블루베리는 흐르는 물에 씻고, 딸기는 꼭지를 제거하고 잘게 썬다.

2 오트밀은 믹서로 곱게 간다.

3 고구마는 껍질을 벗기고 내열용기에 물 1큰술과 함께 넣은 다음, 랩을 씌워 젓가락으로 구멍을 뚫고 전자레인지로 2분간 가열한다.

4 익힌 고구마는 포크로 으깨고, 달걀은 잘 풀어둔다.

5 볼에 간 오트밀, 으깬 고구마, 달걀물을 섞어 반죽을 만든다.

6 달군 팬에 코코넛오일을 두르고 반죽을 동글납작하게 올려 앞뒤로 노릇하게 굽는다.

> 타임, 애플민트 등의 허브를 올리면 모양도 향도 더 좋아져요.

7 대추야자시럽, 시나몬가루를 뿌리고 블루베리, 딸기를 토핑한다.

마아이스크림 #마스크림 (6회 분량)

  간식

마에는 뮤신이라는 점액질이 풍부해 건강에 좋지만, 특유의 미끄덩한 질감 때문에 호불호가 나뉘어요.
그래서 바나나, 무가당요거트를 섞어서 모두가 먹을 수 있는 아이스크림, 아니 마스크림을 만들었어요.
단면이 예쁜 과일과 함께 얼리면 여름철에 하나씩 꺼내 먹기 좋아 얼마나 유용한지 몰라요.

- 마 100g
- 바나나 1개
- 블루베리 10개
- 딸기 2개
- 키위 1/2개
- 무가당요거트 100ml
- 알룰로스 2큰술
  (혹은 올리고당)

1 블루베리는 깨끗이 씻어 물기를 털고, 딸기는 동그랗게 썰고, 키위는 껍질을 벗겨 둥글게 썬다.

2 마, 바나나는 껍질을 벗긴다.

3 믹서에 마, 바나나, 요거트, 알룰로스를 넣고 곱게 갈아 마스무디를 만든다.

4 아이스크림틀에 딸기, 블루베리, 키위를 각각 담고 마스무디를 부어 6시간 이상 얼린다.

홈메이드프로틴바 #지우단백바 (8회 분량)

  간식

저는 꾸덕꾸덕하고 달콤한 맛의 프로틴바를 좋아해서 운동이 끝나면 꼭 사 먹곤 했어요.

그런데 생각보다 가격이 만만치 않아서 직접 만들어봤죠.

결과는 대성공! 건강한 가루와 뮤즐리, 견과류, 몸에 좋은 당분과 오일을 넣어 만들었더니 팔아도 될 만큼 맛이 좋아요.

이제 홈메이드 프로틴바로 운동 후에 단백질을 간편하게 충전해요.

□ 프로틴가루 100g
　(혹은 선식가루)
□ 아몬드가루 70g
□ 무가당코코아가루 2큰술
□ 햄프시드 3큰술
□ 뮤즐리 50g
□ 아몬드슬라이스 20g
□ 피칸 8개
□ 알룰로스 50ml
□ 코코넛오일 60ml
□ 무가당 두유 30ml

코코넛오일이
프로틴바를 굳히는 역할을 하니
꼭 넣어요.

1 큰 볼에 프로틴가루, 아몬드가루, 코코아가루, 햄프시드, 뮤즐리, 아몬드슬라이스를 넣고 섞는다.

2 알룰로스, 코코넛오일, 두유를 절반씩 나누어 넣어가며 반죽한다.

∑ Mini's Tip ∑

다른 요리는 알룰로스를 올리고당이나 꿀 등으로 대체할 수 있지만, 프로틴바는 올리고당을 넣으면 칼로리가 올라가요. 알룰로스가 100g당 30kcal인데 올리고당은 거의 240kcal에 가깝거든요. 프로틴바를 만들 때는 꼭 알룰로스를 넣거나 다른 당분으로 대체할 땐 양을 줄여요. 그리고 알룰로스는 브랜드마다 단맛이 느껴지는 정도가 달라요. 저는 '삼양 큐원' 제품을 사용했는데 다른 브랜드의 제품을 사용할 시 단맛에 따라 넣는 양을 가감해주세요.

3 납작한 틀에 종이포일을 깔고 반죽을 꾹꾹 눌러가며 평평하게 담고, 중간중간 피칸을 꾹 눌러 박아 토핑한다.

4 냉장실에 넣고 1시간 정도 굳히고 8등분해 냉동 보관한다.

애플피넛파이 (8회 분량)

시판 통밀크래커를 활용하면 손쉽게 베이킹 금손이 될 수 있어요.

통밀크래커를 갈아 파이 반죽을 만드니 간편하고, 설탕 대신 사과를 넣고 구워 정말 달콤해요.

땅콩버터의 고소한 맛과 밀도 높은 꾸덕꾸덕한 식감은 배고픔까지 완벽하게 해결해주죠.

맛있다고 많이 먹으면 안 돼요. 간식으로 한 번에 딱 한 조각만 먹기로 약속해요!

Ready

- ☐ 사과 1/2개(125g)
- ☐ 통밀크래커 150g
- ☐ 달걀 3개
- ☐ 코코넛오일 4½큰술
  (혹은 올리브유)
- ☐ 땅콩버터 4큰술

1 사과는 껍질째 얇게 썰고, 달걀은 잘 풀어 달걀물을 만든다.

2 통밀크래커는 믹서로 곱게 간다.

3 볼에 갈아놓은 통밀크래커가루, 코코넛오일 4큰술, 땅콩버터를 넣고 달걀물을 조금씩 나누어 넣으며 반죽한다.

4 파이틀에 코코넛오일 1/2큰술을 바르고, 반죽 절반을 평평하게 꾹꾹 눌러 담은 다음, 사과 절반 분량을 올린다.

5 남은 반죽을 꾹꾹 눌러 담고 남은 사과를 빙 둘러 토핑한다.

6 에어프라이어 180℃에서 13분간 굽고, 파이틀에서 분리해 뒤집은 채로 10분간 더 굽는다.

7 냉장실이나 시원한 곳에서 한 김 식히고 8등분해 냉장 보관한다.

솔티드시나몬초코빵 (3~6회 분량)

폭신폭신한 초코빵이 먹고 싶을 땐 솔티드초코빵으로 빵에 대한 욕구를 채워주세요.

밀가루 대신 프로틴가루, 달걀흰자로 만든 머랭으로 단백질을 두둑하게 채운 고단백 빵이에요.

두세 개 정도 먹으면 식사로도 충분하죠. 간식으로 먹을 땐 절제해서 딱 하나만 먹어요.

Ready

□ 뮤즐리 2컵(120g)
□ 프로틴가루 50g
　(혹은 선식가루)
□ 으깬 피칸 45g
□ 무가당코코아가루 1큰술
□ 시나몬가루 2큰술
□ 땅콩버터 1큰술
□ 알룰로스 3큰술
　(혹은 올리고당)
□ 소금 1/4큰술
□ 달걀흰자 200ml
□ 피칸 6개
□ 견과류, 건과일 약간

1 볼에 뮤즐리, 프로틴가루, 으깬 피칸, 코코아가루, 시나몬가루, 땅콩버터, 알룰로스, 소금을 넣고 잘 섞어 반죽을 만든다.

거품기로 머랭을 만들 때는 한 방향으로 계속 저어주고, 볼을 비스듬히 세웠을 때 머랭이 흐르지 않을 만큼 단단하게 만들어요.

2 달걀흰자는 거품기로 쳐서 단단한 머랭을 만든다.

머랭이 너무 죽지 않도록 살살 섞어요.

3 반죽에 머랭을 넣고 볼을 돌리며 주걱으로 가볍게 섞는다.

뮤즐리 안에 든 견과류와 건과일을 토핑으로 사용하면 편리해요. 실리콘틀이 없다면 종이컵에 오일을 발라 구워도 좋아요.

4 실리콘틀에 반죽을 담고 피칸, 견과류, 건과일 등을 토핑한다.

전자레인지 사용 시 3분간 가열해요. 하지만 에어프라이어로 구웠을 때와 식감이 많이 다르니 에어프라이어 사용을 추천해요.

5 에어프라이어 160℃에서 15분간 굽는다.

INDEX

가나다 순

INDEX

요리별

끼니별

재료별

7days

쉽고 빠른 초간단 요리 7일 식단표

요리가 처음이라 자신 없는 사람도 재빨리 쉽게 요리할 수 있도록 도와줄게요.
초간단 원팬, 전자레인지, 에어프라이어 레시피로 일주일을 보내면 몸이 부쩍 가벼워지고
요리하는 재미까지 얻을 수 있어요.

	아침	점심	저녁
1일차	참치양배추볶음밥 046쪽	냉장고털이된장죽 048쪽	토달트밀 124쪽
2일차	인절미맛콩트밀 078쪽	고단백카레빵(3개) 094쪽	단탄지파이(1/2개) 090쪽
3일차	단탄지파이(1/2개) 090쪽	단짠컵빵 084쪽	순두부찌개맛오트밀 068쪽
4일차	참치밥전 062쪽	고단백카레빵(3개) 094쪽	떠먹는양배추피자 070쪽
5일차	청양파토스트 082쪽	토마토김치볶음밥 104쪽	가지순두부그라탱 080쪽
6일차	참치토마토국물파스타 052쪽	스크램블드멸치볶음밥 054쪽	닭가슴살양념치킨 076쪽
7일차	낫토마토 248쪽	자유식	닭쌈플레이트 120쪽

7days

배가 쏙 들어가는 변비 타파 7일 식단표

다이어터라면 누구나 한 번쯤은 겪는 변비! 이제 식단으로 해결할 수 있어요.
식단만 지켜도 눈에 띄게 배가 쏙 들어가고 살이 쏙 빠지니 일주일간 몸의 변화를 관찰하며
맛있게 다이어트 하세요.

	아침	점심	저녁
1일차	요거트컵 148쪽	미니의백세밥상 128쪽	미역줄기두부볶음면 172쪽
2일차	마낫토덮밥 196쪽	머그컵브라우니(1/2개) 232쪽	다이어트콩불 056쪽
3일차	머그컵브라우니(1/2개) 232쪽	낫토미역초덮밥 182쪽	닭가슴살분짜샐러드 108쪽
4일차	매콤참치비빔밥 114쪽	곤약팟타이 058쪽	훈제팽이버섯피자 096쪽
5일차	오트밀게맛살미역죽 060쪽	저염두부케일쌈밥 186쪽	오리배샐러드 130쪽
6일차	콩비지버섯죽 184쪽	된장소스두부비빔밥 194쪽	누들케일롤(1/2개) 160쪽
7일차	누들케일롤(1/2개) 160쪽	자유식	토마토템페파스타 188쪽

한 달에 한 번! 가장 효과 좋은 생리주기 14일 식단표

14일 생리주기 식단은 생리 3일 전부터 영양을 보충하고
호르몬 변화 때문에 생기는 식탐을 방지해요.
생리가 끝난 후 살이 가장 잘 빠진다는 다이어트 황금기까지 노려 똑똑하게 다이어트 해요.

	아침	점심	저녁
1일차	배토스트 136쪽	통밀씬피자 100쪽	닭고야김밥 168쪽
2일차	인절미맛콩트밀 078쪽	곤약떡볶이 106쪽	시금치두부스크램블드에그 116쪽
3일차	그릭요거트과일샌드 (1/2개) 242쪽	그릭요거트과일샌드 (1/2개) 242쪽	다이어트비빔면 118쪽
4일차	★ 생리 시작 ★ 청포도새우토스트 092쪽	낙지김치죽 098쪽	크림연어스테이크 066쪽
5일차	낫토미역초덮밥 182쪽	깻잎월남쌈 150쪽	다이어트콩불 056쪽
6일차	소고기뭇국오트밀죽 065쪽	마늘종돼지고기볶음밥 134쪽	미역줄기두부볶음면 172쪽
7일차	훈제닭가슴살김치덮밥 132쪽	고기쌈김밥 144쪽	토마토템페파스타 188쪽

"여러분도 할 수 있지우!"

	아침	점심	저녁
8일차	★ 황금기 시작 ★ 에그게맛살샐러드 222쪽	들깨두부크림리소토 190쪽	에그게맛살샐러드 222쪽
9일차	요거트컵 148쪽	매콤참치비빔밥 114쪽	닭가슴살분짜샐러드 108쪽
10일차	당근두부샌드(1/2개) 164쪽	황태오트밀죽 086쪽	당근두부샌드(1/2개) 164쪽
11일차	단짠스크램블드 에그토스트 112쪽	미니의백세밥상 128쪽	카레맛베지누들 198쪽
12일차	청양파토스트 082쪽	배추무침플레이트 176쪽	에그낫토스프레드 240쪽
13일차	팔뚝토르티야롤 (1/2개) 146쪽	팔뚝토르티야롤 (1/2개) 146쪽	콜리플라워컵볶음 154쪽
14일차	하프언위치(1/2개) 152쪽	하프언위치(1/2개) 152쪽	오리배샐러드 130쪽

맛있게 살 빠지는
고단백 저탄수화물 다이어트 레시피

초판 1쇄 발행 2020년 5월 28일   초판 46쇄 발행 2023년 3월 13일

지은이 미니 박지우
펴낸이 최세현

펴낸곳 비에이블
출판등록 2020년 4월 20일 제2020-000042호
주소 서울시 성동구 연무장11길 10 우리큐브 283A호(성수동2가)
이메일 info@gmail.com

값 17,500 원
ISBN 979-11-970352-3-4 13590